Atomic Surfer

La difusión y desarrollo del surfing en Puerto Rico

Vol.1

Difusión hasta 1968

Rodrigo Fernós, PhD

Editorial Eray
San Juan, Puerto Rico
2021

Foto de cubierta cortesía de Ernesto Zambrana.

"Atomic Surfer" por Rodrigo Fernós. ISBN 978-0-578-98916-7 (softcover)

Publicado 2021 por Editorial Eray, San Juan, Puerto Rico

Dedicado a LG

¿Quién no tiene un deudo a quién llorar!
¿Quién no tiene un alma que invite a la meditación!
Las lágrimas de este mundo no se pierden.
Hay quien las recoja allá en lo alto.
Un amor inmenso llena los espacios
Y da fuerzas a esa pobre y afligida humanidad.

-Gonzalo Fernós Maldonado

Prefacio

Una de las cosas más bonitas que he visto en mi vida es cuando un día, surfeando en La Ocho del Balneario Escambrón, una ola de algún tamaño estaba a punto de romper sobre mí. Ví ese murallón azul de agua acercándose y elevándose cada momento, poniéndose cada vez más grande, hasta que yo lucía como una pequeña hormiga que miraba sigilosamente hacia arriba. Pero, no sentí temor. Al 'ponchar' la ola con mi tabla, me ví transportado a un nuevo mundo. Abrí los ojos, como suelo hacer, mientras cruzaba esa enorme-pero-tranquila muralla de agua, y lo único que podía ver era un mar azul-turquesa con el fondo marrón-crema de coral y uno que otro pez nadando a mi alrededor.

El silencio y la tranquilidad que sentí, el fresco del agua del mar que me rodeaba, y las fuerzas vivas de la naturaleza que podía directamente palpar aquel día fue una de las experiencias más gratas que he tenido en el *surfing*. Al salir en el otro lado de la ola, el agua azul se tornó airosa, con cientos de miles de pequeñas gotitas cayendo del aire, flotando de regreso a la tierra, dando a otro nuevo comienzo que se repite una y otra vez, como el cuento del fénix—renovando a uno en cada ronda y con cada ola.

El surfing, por supuesto, es mucho más que eso. Pero es curioso considerar que el actual acto de correr la ola constituye solamente una ínfima fracción del tiempo total que uno pasa en el deporte, quizás un 10%, si eso—y era menos aún para los primeros *surfers*, o surfistas en español, sin las "sogas" que hoy nos atan firmemente a la tabla.

Por supuesto, no me refiero a la práctica del deporte en sitios de 'gremos' como Pine Grove (Isla Verde) cerca de la orilla, que como un mangle criadero de peces casi todos aprendemos el deporte, sino a sitios como La Ocho (Escambrón), Los Tubos (Manatí), Wilderness (Ramey) y Marías (Rincón)—lugares distantes de la orilla, con fuertes corrientes el cual uno se tiene que pasar nadando hasta finalmente llegar al pico donde uno toma la ola. Cuando consideramos que también el surfer tiene que tomar tiempo y gastar recursos para llegar a su sitio de surfing—levantarse a veces a eso de las 4 de la mañana luego de un largo día previo de trabajo para salir guiando al '*spot*'—resulta que algunos no-surfistas cuestionen por qué se disfruta el deporte en el primer lugar.

El surfing, como va el cliché, es un estilo de vida; una manera particular del cual uno aprende sobre los ritmos, largos y cortos, de la naturaleza. No hay otro deporte como el.

Este estudio a través de varios volúmenes tratará la historia del deporte en Puerto Rico: ¿cómo llegó?, ¿qué factores propició su desarrollo?, ¿quiénes fueron las figuras involucradas?, ¿cuáles fueron sus circunstancias?, entre otras preguntas. Sus orígenes en la isla es un misterio, del cual podemos ver su sombra sin concretamente poder rellenar sus perfiles. No obstante, sabemos que su crecimiento durante la década de 1960, particularmente luego de la celebración del *World Surfing Championship* en 1968, dió a que explotara el reconocimiento mundial y local sobre el calibre de las olas puertorriqueñas. El patrón de crecimiento del deporte se refleja al de muchas curvas exponenciales, que crecen lenta e imperceptiblemente hasta su exponencial auge. Cómo fue que esto ocurrió y el contexto de su desarrollo será el tema de este estudio.

Hay tres temas importantes que hay que destacar, que supongo que no le será de agrado para algunos.

El primer tema es que el desarrollo e impacto del surfing en Puerto Rico fue una cosa de varones, ese espécimen del 50% de la humanidad que ahora es tan sujeto a ataque por las feministas de la academia hoy. Fueron los hombres—y no las mujeres—que desarrollaron el deporte en la isla. Fueron hombres quienes primero exploraron los lugares más remotos de la playa, como Caballos por Boca de Cangrejos en Isla Verde, que apenas se puede ver con binoculares desde la playa. Fueron los hombres quienes primero corrieron los enormes marullos de Tres Palmas en Rincón y Wilderness en Ramey que tanto temían las comunidades costeras. Fueron los hombres que abrieron tiendas para la venta artículos para la práctica del deporte, obteniendo e intercambiando bienes desde lugares remotos en California con la pequeña isla. Fueron los hombres quienes primero organizaron las primeras organizaciones deportivas, reuniendo actividades que previamente habían estado aisladas. Finalmente, fueron hombres quienes primero empezaron a diseñar y construir tablas para el mercado local y estadounidense.

Aunque no podemos negar la constante presencia de la mujer en el deporte, acelerándose en años recientes, lo cierto es que fueron los hombres, y no las mujeres, quienes impulsaron el deporte en sus inicios. La noción que los varones "reprimieron" (por cientos de años) a las féminas de poder obtener logros parecidos, como alegan algunas feministas, es patentemente lúdicro. La explicación por la relativa ausencia de la fémina en la historia del deporte proviene de otros factores y ámbitos, del cual los hombres son tan igualmente impactados como las mujeres.

El segundo tema es que el desarrollo del surfing constituye uno de los cambios culturales más trascendentales que Puerto Rico tuvo durante el siglo XX. El desarrollo del surfing en Puerto Rico consiste en la difusión de cultura hawaiana, modificada en California, que llegó a nuestras costas luego de 1898. Contrario a lo que se tiende a presumir, el cambio cultural 'qua' cambio no es necesariamente una mala cosa. Podemos caracterizar sus tempranos practicantes como cosmopolitas que, aunque poco educados en algunos casos, no cabe duda que la envergadura cultural e internacional de sus asociaciones fueron amplias y abarcadoras. Como veremos, el puertorriqueño del periodo colonial por lo general le temía al agua, por mil y un razones que no podemos negar: duras realidades del colonialismo español que tuvo un enorme impacto. Cuando los primeros surfers llegaron al pueblo de Rincón, los rincoeños todavía no sabían donde estaban las buenas olas; fueron largos años antes de que empezaran a beneficiarse de las mejores olas que existen en el mundo, ubicadas al pie en su propio balcón.

Finalmente, el impacto del desarrollo descontrolado y ciegamente guiado por la avaricia financiera es algo que será tema común entre todos los surfistas que han llevado largos años practicando el deporte. Su entusiasmo juvenil los llevó a explorar lugares remotos de la isla antes de que fueran arruinados por la mano corporativa: tal como las decenas de montañosas dunas que se asentaban a lo largo de la costa de Puerto Rico, que representaban nuevos mundos desconocidos para explorar. Al permanentemente secuestrar estas arenas para la industria de la construcción, con la patética asistencia de pequeños burócratas, corruptos académicos y patéticos políticos, se destruyeron no tan solo sitios de sano ocio como el surfing, sino también importantes hábitats de la naturaleza.

Es una pelea sin fin que continuamente se lidia entre múltiples intereses y comunidades, pero que a la larga termina degradando la isla para las futuras generaciones. Si antes las dunas funcionaban como lugares de contemplación, su remoción convirtió estos lugares sacros en sitios de profana comodificación, no muy diferente a lo que se ve en el estado de Florida. Mientras que las dunas constituían unas mini-Grecias, fuente matriz de la ciencia moderna, su remoción ha abonado a convertir nuestra isla en una enorme carretera que, patéticamente, carece de una vista al mar.

Agradecimientos

Quisiera agradecer a todos los surfers/surfistas que amablemente compartieron sus anécdotas y memorias del anteayer. De igual manera, quisiera agradecer a individuos que facilitaron esta investigación de una manera u otra, en ningún orden específico: Antonio Sotomayor, Orrin H. Pilkey, Félix Ojeda Reyes, Jorge Rodríguez Beruff, Néstor Ramírez, Monty Smith, Willie Julia, Eric Friedman, Richard Bloomquist, Omar Foglia, Samuel Serrano, Ernesto Zambrana, Jimmy Freese, Nick Hodgkinson, Scott Laderman, Matt Warshaw, José Ramón Torres Colón, Adolfo González Figueroa, Marcos Rodríguez, Pedro Gelabert, Michael Nelson, Craig Mitchell, Andrés Romeu, Ruperto Chaparro Serrano, Fundación Surfrider Rincón, Carlos Carrero, Roberto de León, Jefte Román, Jorge Giovannetti y Marianne Meyn. Mis disculpas a quienes no he mencionado. Finalmente, quisiera agradecer a mi esposa Yarelis Torres, sin el cual este libro no hubiese podido ser completado.

Tabla de Contenidos

Prefacio 4

Agradecimientos 9

Tabla de Contenidos 10

Fotos 12

Gráficas 13

Mapas 14

Nota sobre la metodología utilizada 15

1 Mar y Terror 19

Cultura acuática colonial en el Caribe 19

2 Caminando sobre el agua 56

Las tecnologías de la Segunda Guerra Mundial y el surfing moderno 56

3 Lo que trajo la marea al Jardín del Edén 100

Los primeros surfers en Puerto Rico, siglo XX 100

4 El World Surfing Championship de 1968 153

Bomba cultural en Puerto Rico 153

5 Los Jíbaro Boys 183

El desarrollo autóctono del surfing puertorriqueño, 1960-1977 183

Entrevistas 193

Índice 196

Fotos

Foto 1: Foto aérea Rincón (1930) *34*
Foto 2: Uso de radar en Base Ramey *76*
Foto 3: Policia montada y perros en Ramey *109*
Foto 4: Base Naval Roosevelt (1963) *112*
Foto 5: Betancourt en compentencia de natacón *113*
Foto 6: Triunfadores en "Surfing" (1965) *114*
Foto 7: La "Ventana al Mar" en 1965 .... *117*
Foto 8: Pine Grove en Isla Verde (circa 1966) *118*
Foto 9: Mélendez con buena pesca *120*
Foto 10: Betancourt en Juegos Panamericanos (1959) *122*
Foto 11: Betancourt con Johnny Weismuller *123*
Foto 12: Anuncio en revista Sixteen con Betancourt *123*
Foto 13: Clavado de Mélendez en competencias *124*
Foto 14: "Beta" y "Conejo" *126*
Foto 15: Oleaje de trasfondo en la "Ventana al Mar" *127*
Foto 16: Frente de Robinson School (1965) *129*
Foto 17: Tapón concurso de Bajamar en 1965 .... *134*
Foto 18: Los primeros surfistas puertorriqueños *136*
Foto 19: Parte del equipo puertorriqueño en el WSC 1968 .... *154*
Foto 20: Enorme tabla de australiano en el WSC 1968 .... *157*
Foto 21: Anuncio WSC 1968 en El Mundo *160*
Foto 22: Filardi "goce pero cuídese" *161*
Foto 23: Abultados pero felices (Mélendez) *162*
Foto 24: Compentencia surfing en Rincón en 1970s *166*
Foto 25: Ganador Fred Hemmings *167*
Foto 26: Surfer de relevo Ann Shawhan *169*
Foto 27: Playuela (Crashboat) en Aguadilla (1959) *170*
Foto 28: Ricky Bloomquist, Jorge Machuca, Darryl Gómez, Rogelio Varas y Rocky Solo *174*

Gráficas

Gráfica 1: Tiempos comparativos PR versus Olimpiadas *24*
Gráfica 2: Diferencia tiempos comparados PR v. Olimpiadas *24*
Gráfica 3: Beneficios comparativos de varias tablas de surfing... *57*
Gráfica 4: Momentum respectivo de tres tablas *58*
Gráfica 5: Actividad económica de San Juan (1955-1965) *115*
Gráfica 6: Orientación del oleaje en La Ocho (Escambrón) *133*
Gráfica 7: Comparación de edades respectivas *159*
Gráfica 8: Número de compañías formadas relacionadas al deporte luego de 2000 .... *164*
Gráfica 9: Tiendas de deportes en Guía Telefónica de Puerto Rico *165*
Gráfica 10: Frente frío, jueves, 7 de noviembre de 1968 .... *172*
Gráfica 11: Frente frío, sábado, 9 de noviembre de 1968 .... *172*
Gráfica 12: Frente frío, martes, 12 de noviembre de 1968 .... *172*
Gráfica 13: Procedencia de soldados puertorriqueños muertos durante la Guerra de Vietnam *175*
Gráfica 14: Procedencia de soldados puertorriqueños muertos durante la Segunda Guerra Mundial *175*

Mapas

Mapa 1: Manatí, Vega Baja, Dorado, Bayamón colonial (1889) 32
Mapa 2: Rio Grande, Luquillo y Fajardo colonial (1889) 32
Mapa 3: Núcleos urbanos distante del mar u océano 33
Mapa 4: Rincón (1889) 33
Mapa 5: Rincón (1966) 34
Mapa 6: Ponce (1888) 38
Mapa 7: Corrientes en el Caribe 101
Mapa 8: Propiedades militares en Puerto Rico (1947) 106
Mapa 9: Club de Oficiales en Ramey Air Force Base (1974) 108
Mapa 10: Propiedades militares San Juan (1947) 110
Mapa 11: Puntos de surfing en Puerto Rico (1982) 111
Mapa 12: Punto de surfear "Seven Seas" 112
Mapa 13: Club de Oficiales en el Escambrón (1947) 132
Mapa 14: Foto aérea Isla Verde (1930) 187
Mapa 15: Isla Verde (1947) 188
Mapa 16: Isla Verde (1955) 188

Nota sobre la metodología utilizada

Este estudio no puede ser considerado como una historia propiamente hablando. Al carecer de documentación o incluso de una amplia colección de tablas o memorabilia como la que existen en el Bishop Museum en Hawai—no hay museo de semejante envergadura en Puerto Rico—no se pudo acceder a fuentes primarias que estuvieran desligadas de los intereses involucrados. Por ende, aunque el autor utilizó fuentes documentales, tal como registros de periódicos, informes gubernamentales, así como fuentes artísticas y literarias de la cultura puertorriqueña, utilizó la técnica de la entrevista a los participantes de la época como su material primario.

Bien se conocen todos los problemas que existen con la historia oral—su inherente subjetividad, el colapso de la memoria con los años, o el impacto de dolidas riñas del anteayer. También podemos señalar los problemas de la cultura oral que predomina en Puerto Rico y en la comunidad estudiada.[1] A pesar de serias inconsistencias en el relato de Machuca durante la entrevista, cuando la discusión se salió del ámbito de lo esperado, el entrevistado contestó clara y consistentemente. El problema es obvio: sin la llave de la verdad, nos perdemos en las arenas de la vida, tanto personalmente como colectivamente.

No obstante, podemos utilizar los perfiles de la historia oral para ayudar a identificar cambios sociales que han ocurrido durante el último medio siglo. Si comparamos, por ejemplo, José Rodríguez Reyes y Antonio Yordán—

figuras prominentes en la historia comercial del surfing—la diferencia entre ambos es drásticamente marcada. La elocuente exposición descriptiva del Sr. Rodríguez provee una ventana al mundo social y mental en el cual se crió. Unos 20 años más tarde, los impactos culturales secundarios que surgieron como consecuencia del bultoso crecimiento demográfico fueron predecibles, impactando negativamente a Yordán.

Debido al carácter del surfing—el hombre interactuando con la naturaleza distante de las concentraciones urbanas en la mayoría de las ocasiones—típicamente se podía observar que eventos importantes usualmente carecían de documentación alguna. Mientras que hoy los celulares son cámaras que casi toda persona tiene en su bolsillo, listos a ser utilizados en cualquier instante; los héroes de la náutica puertorriqueña realizaban sus retantes hazañas ante la ausencia de medios que permitieran el registro documental de las mismas y en un ambiente carente de datos—por lo menos cuando lo comparamos con el ambiente tecnológico del presente (2021).

Los tempranos héroes marítimos son héroes porque se requería de cierta valentía para identificar los '*spots*' de surfing en el primer lugar. Alguien, después de todo, tuvo que haber descubierto lo que ahora se ha convertido en sitios de interés turístico. Mientras que hoy los '*spots*' de surfing aparecen en mapas digitales como si fuesen restaurantes de McDonalds a la orilla de una autopista y el oleaje se puede saber casi a la hora en el cual va a llegar; los primeros surfers puertorriqueños tuvieron que lanzarse 'al vacío' ante la continua incertidumbre que los rodeaba sobre las condiciones al cual se iban a confrontar, cumpliendo bien con la definición Aristotélica del heroísmo. No se lanzaban ciegamente sin total discernimiento de la situación, pero tampoco tenían garantías algunas de descubrimiento, éxito o de seguridad personal durante su hazaña. Supieron confrontar los retos a pesar de la incertidumbre de las condiciones ante si—y por ende la razón por el cual pueden ser considerados genuinos héroes puertorriqueños, pese o no que hubiesen nacido en la isla.

Antonio Betancourt nadaba sólo a los arrecifes, sin careta, chapaletas, o protección alguna, a pesar de los cuentos de horríficos ataques de tiburones debido a los dos mataderos, uno en Viejo San Juan y otro en Piñones que continuamente los atraían a las aguas de la zona metropolitana. Omar Foglia, John Porter y "Puru" salieron para Hawai con tan solo $40 en sus bolsillos, sin saber cómo exactamente iban a poder llegar y mucho menos cómo pagarían por el viaje. José Rodríguez lanzó un campeonato mundial cuando todavía el surfing puertorriqueño estaba en pañales. Monty Smith viaja a la isla desde El Salvador, sabiendo poco de la isla, pero inspirado por su espíritu fraternal del surfing en aquellos años. René González se las ingenió para vender ropa de González Padín en Brasil para poder sufragar su viaje y competir en el *gigante do sul*. Los actos de heroísmo personal abundan, independientemente de que hayan sido registrados formalmente en el record histórico.

Las razones por la falta de evidencia formal no son difíciles de adivinar: los surfers típicamente son criaturas solitarias—"juntos, pero no revueltos" como señaló Rodríguez—lo que implica que raramente hubo un lente fotográfico registrando sus importantes logros. El conocimiento personal de la realización de una meta personal era más que suficiente razón para el orgullo; en comparación con las figuras contemporáneas, sus logros no están tatuados en sus caras o en los abundantes *TicTocs* de veinte segundos de duración. Mas bien, sus hallazgos están presente en la memoria personal de las amistades con el cual compartieron sus hazañas. Sus actos de heroísmo personal, colectivo o institucional casi siempre eran registrados por uno que otro amigo o familiar.

No obstante, aunque estas imágenes y datos han sido compartidos ampliamente mediante redes sociales, todavía carecemos de bases de información más sustantivas, desde un punto de vista histórico-crítico. Puerto Rico generalmente ha carecido de una cultura de mar en su historia, que ha abonado a la ausencia de su recuerdo.

Mientras que Hawai se convirtió en la meca al cual todo surfer aspira a visitar, o mejor aún vivir, a la isla de Puerto Rico se le ha tratado con típico despecho. Las olas boricuas son buenas, pero no tan poderosas como las de Hawai; de igual manera, debido a que el costo de llegar a Puerto Rico es una fracción del precio relativo al de llegar a Hawai, un surfer de Nueva Jersey puede rápidamente visitar a Puerto Rico por una semana, o incluso un fin de semana, para luego regresar a su trabajo para el lunes entrante. El bajo costo de llegada no da a una valoración de este. Puerto Rico no es lo suficientemente exótico como para ser considerado un paraíso isleño, y por ende su típico despecho dentro de su añoranza en Estados Unidos.

Por contraste, llegar a Hawai es típicamente un "viaje de vida" que implica cierto sacrificio de esfuerzo, tiempo y dinero cuando uno se desplaza ahí. Esto ayuda a explicar la reacción de "Puru" en el avión al finalmente ver desde la ventana las costas de Hawai luego de la incertidumbre de un largo viaje, el cual que duró más de tres meses y cuyo éxito no estuvo garantizado en sus principios: un baile estrambótico de genuina felicidad en el medio del pasillo junto a una perpleja azafata, pidiéndole que por favor se sentara en su asiento.

A pesar de sus deficiencias metodológicas, esperamos que el lector pueda obtener alguna idea sobre el espíritu emprendedor que predominó en los participantes de la historia del surfing en Puerto Rico.

[1] La comunidad refleja dinámicas no muy diferentes a las señaladas por Muñoz casi cien años atrás. G. E. Morales Muñoz, *Fundación del Pueblo de Cataño: Documentos* (San Juan, Puerto Rico: Imprenta Venezuela, 1946), 36-38.

1 Mar y Terror

Cultura acuática colonial en el Caribe

Cada mar tiene su orilla, cada patria su oleaje.
Héroe que muestra su brillo de un continente es fortuna. (1912)[1]

Antes de entrar a la historia formal del surfing en Puerto Rico, se tiene que discutir la historia de la cultura acuática en Puerto Rico—o mejor dicho la ausencia de una cultura de mar. La natación y el deleite del mar constituyen las bases principales sobre el cual el deporte del surfing se va a formar por razones obvias: si no sabes nadar, no te vas a meter en un mar revoltoso, una lavadora como dicen algunos surfers, para no poner tu vida en peligro innecesariamente.

Lo cierto es que, por cualquier estadística que uno mire, Puerto Rico carece de una cultura acuática a la par con las de otras islas como Hawai o Tahití, a pesar de ser isla como estas otras.

Un sinnúmero de estadísticas refuerza este punto. SeaGrant en su informe de 2002 encontró que Puerto Rico tenia tasas de ahogamientos muy por encima la de Estados Unidos, debido en parte a la relativa ausencia de programas de salvavidas. En 1998, Puerto Rico tenía 57 ahogamientos por año; a pesar de que Daytona Beach en Florida contaba con el doble de la población, tenía una ínfima fracción de estos (1 ahogamiento por año).[2] Aún cuando consideramos que la mitad de estos eran de turistas, la cifra sigue elevada como por ciento del total de la población. Un estudio semejante en el 2014 reveló que el por ciento que constituían los puertorriqueños como personas ahogadas había aumentado a un 80%, la mayoría de los cuales ocurrían durante el pico de verano entre junio y julio en las playas (un 39%).[3] Algunos argumentan que se debería de multiplicar la cifra por seis (6X), debido que la mayoría de estos son llevados al hospital donde sobreviven, que disminuye la cifra final.[4]

La práctica del surfing representa un reto, al considerar los recursos requeridos para el deporte y el carácter errático e incierto del deporte. En comparación con la patineta o el ciclismo, el océano solamente tiene olas un por ciento del tiempo, típicamente entre octubre y marzo. Más aún, dependiendo de donde uno practique el deporte, durante esta temporada puede que hallan olas buenas una que otra vez, también explica la baja participación de puertorriqueños en el deporte de surfing al practicarse en una cancha acuática errática e inconsistente.

Un estimado 'de servilleta' sugiere que existen aproximadamente 5,333 surfers en Puerto Rico, rondando entre el 0.16% de la población a un 0.9%.[5] Es decir, menos del 1% de la población puertorriqueña practica el deporte del surfing, dato que hace sentido cuando consideramos la cantidad de personas que van a la playa.[6] En 1987, sólo el 0.8% de la población puertorriqueña iba a la playa. Un número sustancial de personas preferían invertir su tiempo de ocio en baloncesto (22%) o mirando televisión (10.3%), versus saliendo a la playa; su práctica actual, revelan patrones parecidos, 35.7% mirando televisión y 13.3% practicando pelota.[7]

Notemos también que el aprender a nadar requiere de cierto nivel de afluencia económica, tal como el financiamiento para la construcción y mantenimiento de la piscina, el cual casi ninguna existía antes de 1950 en la isla.[8] Curiosamente, uno de los sectores sociales que más cercanamente se afilia con la natación es la clase media, cifra que coincide con las estadísticas de lectura durante tiempo de ocio.[9] Estos prefieren nadar 2-3 veces por semana; es decir, hay pocos nadadores, y los que lo practican no lo hacen con intensidad—cifra que se correlaciona con las altas tasas de ahogamientos en la isla. Por naturaleza, son cifras de minoría; de 1,074 personas, solo un 2.7% nadaban con alguna regularidad en 1987.[10]

Como bien destaca Sotomayor, podemos entender el patrón al mirar al periodo colonial español, ejemplo que abundará durante el resto del capítulo para poder entender mejor el fenómeno ante nosotros.

La noción de actividad física es una creación alemana que no existía en España, difundiéndose a la isla mediante su asociación con Estados Unidos luego de 1898. Semejantemente, el concepto de 'recreación' es un término moderno que distingue prácticas de la actividad económica o religiosa—distinción que no se hacía durante el periodo colonial. Por ejemplo, no se daban clases de educación física en las escuelas primarias o secundarias en Puerto Rico antes de la Guerra Hispano Americana. Aunque hubo una que otra excepción, tal como el gimnasio de Fernando Bustamente en 1883, la norma no se llegó a establecer hasta luego del cambio de imperio. Aún cuando en 1880 se intentó de incluir la actividad física mediante reglamento en las escuelas, no duró mucho tiempo.[11] La actividad de ocio en el periodo colonial más común era la pelea de gallos. Esto llegó a tales extremos, que el religioso Francisco Julián de Antolín se quejó en 1750 que nadie iba a misa porque estaban en la gallera.[12] Junto a estos también existían los bailes populares, como el garabato o la bomba; ambos indicando la ausencia de una 'cultura de mar'.[13] Las carreras de caballo en la ciudad amurallada, también eran altamente favorecidas.[14]

El ejercicio físico y los deportes, como actividad organizada, no llegaron hasta el 1898 con la llegada de los "gringos", proceso que ayuda a explicar la popularidad de la pelota—juego que ganó rápida fama en San Juan, el cual también se narraban en la radio.[15] Su popularidad era de tal grado, que estudios macrosociales de la comunidad puertorriqueña, tal como el *Libro de Puerto Rico* de 1923 o el estudio antropológico de Julian Steward (1956) recogieron ampliamente dichas tendencias. Los mejores equipos en 1922 venían de Ponce, a pesar de carecer de campos para su practica; dos décadas después los programas radiales mas escuchados también eran los de pelota.[16] Ninguno de los dos estudios de gran envergadura recoge el surfing como deporte en la isla durante la primera mitad de siglo veinte.

Fue la YMCA quien introdujo tanto el baloncesto como la natación, construyendo en sus facilidades la primera piscina en 1913.[17] Posiblemente debido a que las familias norteamericanas practicaban ciertos deportes que los locales no practicaban—el *football*, tenis y golf; al igual que el bote y la natación, fue que se tendió a asociar en la mente local la natación con 'lo americano' y el militarismo estadounidense.[18]

Julio Enrique Monagas, como Comisionado de Deportes y Recreación canceló el reconocimiento de la *Puerto Rico Swimming Association* en 1958, señalando discrimen racial dentro de dicha asociación. De igual manera, durante su incumbencia entre 1940 y 1960, no se construyeron piscinas públicas en la isla—factor que trágicamente abonó a reducir el conocimiento de la natación en la población boricua de la isla.[19] Las primeras piscinas públicas no surgen hasta luego de 1961, construidas por la Compañía de Fomento Recreativo y culminando en la Piscina Olímpica del Escambrón para los Juegos Centroamericanos 1966, piscina que el autor tuvo el privilegio de usar al participar en el equipo de natación de Robinson School.[20]

Cuando se revisa un sinnúmero de periódicos regionales con alguna afiliación estadounidense, tal como *La Voz de Levittown*, *La Palabra* (Aguadilla), *El Progreso* (Bayamón), o *Ecos del Distrito* (Manatí) notamos el mismo patrón reflejado. Aunque se puede observar descripciones de deportes tradicionales como la pelota y el baloncesto, los deportes acuáticos brillan por su ausencia—en particular el 'surfing' como tal. Incluso, aunque el periódico de la misma Ramey Air Force Base, el *Ramey Tropicair*, incluye nuevos deportes recreativos, tal como el judo, soccer y la pista y campo *cross country*, el surfing está notablemente ausente, patrón incluso en la *Revista Deportiva* de 1916.[21] Aunque el *Island Times*, un periódico dirigido específicamente a los visitantes estadounidenses a Puerto Rico, tiene una sección especializada a deportes de la élite en 1962, como el tenis y el golf, tampoco vemos el surfing descrito en sus páginas.[22]

Estas cifras reveladoras demuestran la relativa ausencia de una cultura acuática en Puerto Rico. Interesantemente, la tendencia es captada en las listas de ganadores de competencias de natación en los Juegos Centroamericanos y Olímpicos durante el siglo veinte.

El número de competidores en la natación fue bajo (147) comparado con otros deportes, como el atletismo (346) o el voleibol (183). No obstante, se destacaban en la natación, saliendo segundo en promedio de todos los demás países y deportes. Más aún, la mayoría de los ganadores "puertorriqueños" durante la década de 1960 eran nacionales estadounidenses. Por ejemplo, la nadadora más destacada en 1966 fue Anita Lallande, una estadounidense residente en Puerto Rico, quien logró ganar 10 medallas de oro y 2 de bronce. Aún para los juegos de 1975 en México, vemos féminas norteamericanas constituyendo parte predominante del equipo puertorriqueño: Tanya Blackeman, Leslie Thompson, Jane Fayer, Amy Atler, y Maria Mock.[23]

No obstante, cifras entre 1926 y 1990 revelan un importante cambio: el aumento en el número de ganadores en competencias internacionales de natación eran de procedencia autóctonas, de pura cepa boricua. Para 1986, todos los competidores de natación eran puertorriqueños, ganando 8 medallas de plata y 5 de bronce.

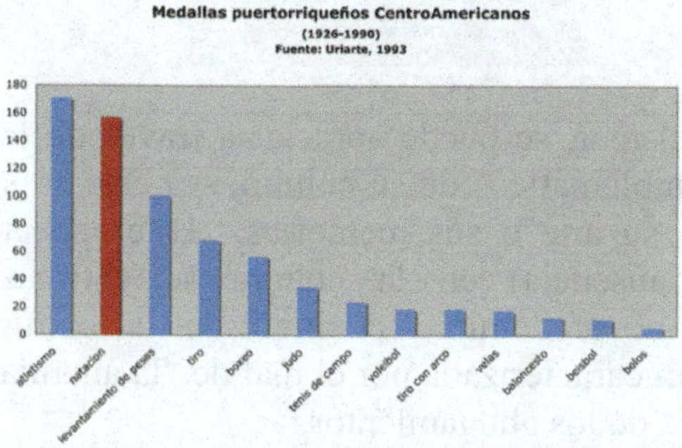

Gráfica 1 Medallas ganadas por Puerto Rico en los Juegos Centroamericanos

Aunque se podría señalar que los niveles de competencia de los nadadores puertorriqueños en los Centroamericanos estaban por debajo del nivel Olímpico internacional, podremos observar una marcada mejora en su diferencia a través del siglo.[24] Podemos sugerir que, de haberse incorporado la natación como ejercicio físico o deporte dentro de las escuelas públicas en la isla, hubiese resultado en mayores logros durante el siglo veinte, análogo quizás a Hawai, en el cual el padre del surfing, Duke Kahanamoku, un campeón Olímpico de natación durante la primera mitad de siglo, y lo que inició su enorme fama global.[25] Lo cierto es que los nadadores puertorriqueños, como Antonio Betancourt, constituían una pequeña élite puertorriqueña.

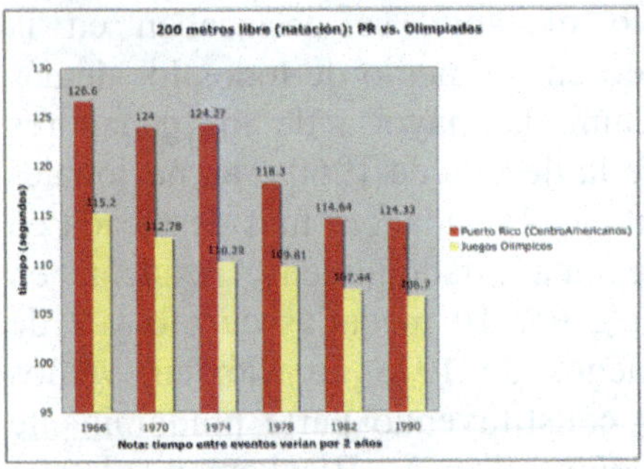

Gráfica 1: Tiempos comparativos PR versus Olimpiadas

Gráfica 2: Diferencia tiempos comparados PR v. Olimpiadas

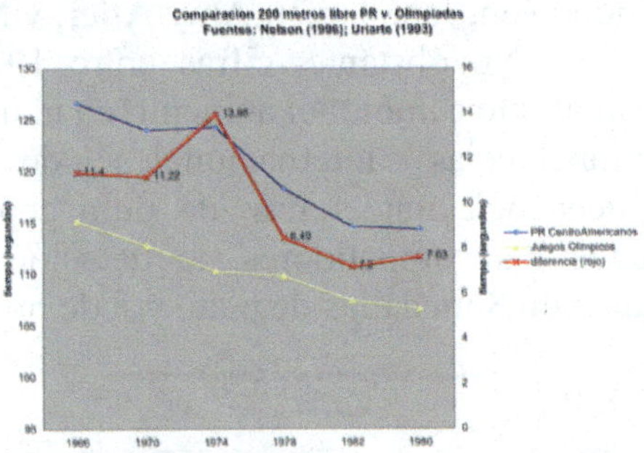

La ausencia de la natación en la cultura puertorriqueña, como consecuencia o causa del temor al mar, se puede apreciar a través de los diversos aspectos emblemáticos de su cultura, sea esta en su folklore, su poesía, su arte o sus memorias. Este aspecto negativo (por su ausencia) en la cultura se entrelaza cercanamente con el predominio positivo de la cultura montañesa jíbara, tan caracterizada por el mal de "la anemia" (*uncinariasis*) en vez de los ahogamientos.

Como indicó Salvador Brau, más de un 81% de los puertorriqueños vivían en la montaña, en contraste con el pequeño por ciento que vivían en las urbes tradicionales de la costa: San Juan, Ponce, Mayagüez o Aguadilla.[26] Si consideramos la tecnología de transporte en el cual la cultura del siglo XIX se ubicaba, junto al contexto represivo colonial, el rechazo al océano en Puerto Rico empieza a hacer más sentido.

La impresión que obtenemos del mar en la obra artística de pintores emblemáticos como José Campeche no es la mejor. El océano en sus obras eran sitios donde víctimas podían ser fácilmente puestas en peligro o sacrificadas. La pintura "El Salvamento de Don Ramón Power" de 1790 captura los peligro del mar cuando este casi mure durante una tempestad en 1789, de no haber sido salvado por un marinero.[27] Lo más sorprendente, para alguien que ama el océano, es notar la casi total ausencia del océano en sus pinturas.[28] Semejante patrón vemos en la recopilación *Galería Puertorriqueña* de Manuel Fernández Juncos, en la cual carece de referente alguno a elementos asociados al mar: las olas, las playas, el océano, entre otros.[29] La única mención que podemos identificar es la de un naufragio, un patrón consistente de asociación negativa.

Aunque Manuel Alonso no le presta mucha atención al naufragio en su clásica obra *El Gíbaro* (1745), que recogía la vida y cultura campesina puertorriqueña del siglo XIX, notamos una actitud llena de incertidumbre hacia el mar.[30] Por un lado la poesía autóctona halagaba la belleza del mar, "¡Qué bello, ¿no es verdad?, el Océano con su limpio azul!" y por otro le tiene algún nivel de distanciamiento, "las olas del vasto mar…no tengas miedo del mar."[31] El mar azul era bello pero inmenso, lleno de peligros cercanos y distantes. Las olas y las livianas ráfagas arrullaban la esperanza. "Lanzado en este mar ronco y profundo", que cuando llegaba el huracán, "ruge con furor sombrío".

Lanzado en este mar ronco y profundo
sin otra luz que una esperanza bella....
las olas cruzo el revuelto mundo;
mas, ¡ay, Señor, que mi bajel [barco] se estrella![32]

La obra de Ramón Frade "El pan nuestro" curiosamente indica el cambio de valorización hacia el monte y su cultura jibaresca que ocurrió durante el siglo veinte.[33] Mientras que Zeno Gandía en *La charca* pinta al jíbaro como promiscuo, alcohólico, indolente e irresponsable en sus deberes familiares, Pedrería y la Generación del 30 lo mitificaría como figura emblemática de la autentica cultura puertorriqueña.[34] De sus 541 obras de arte, Frade pintó 80 retratos del jíbaro; para contrarrestar el abuso "yanki", teníamos que idealizar el pasado.[35] Al auto-exiliarse al campo, Luis Muñoz Marín regresa aguantando en sus manos la figura mitificada del pobre jíbaro puertorriqueño—la pava del Partido Popular Democrático—en vez del pobre pescador de las costas, igualmente sumergido en la ignorancia y la podredumbre.[36]

En Aguadilla, ciudad costanera al noroeste de la isla, el folklore de "la marejada de los muertos" expone la mentalidad que imperaba sobre la relación entre el puertorriqueño y el océano. En 1914 hubo una enorme marejada el 2 de noviembre, lo que los surfers aluden hoy como el "*Halloween swell*" que típicamente llega hacia el fin del mes de octubre, causado por los primeros sistemas de frío que salen en Estados Unidos. Tal fue el tamaño de la marejada, que arrasó con el cementerio aledaño al mar, llevándose consigo un sinnúmero de tumbas—y por ende el nombre del mito.[37]

El alto nivel de analfabetismo significaba un sorprendente malentendido del ámbito oceánico y sus criaturas, caracterizado por un profundo temor.[38] Esta ignorancia no tan solo resultaba en injusticias para sus criaturas, como las mantarrayas que eran agresivamente matadas como criaturas del demonio, sino que resultaba en un mundo imaginario lleno de mitos y falacias portentosas semejante a la que historialmente ocurrió con los relámpagos.[39] Usar malas palabras en un bote era tan sacrosanto como el poner un cadáver dentro el mismo.[40] Todo lo extraño en el mar era causa para el regreso inmediato a la costa; genuinamente navegar en mar abierto era practica a ser evitada al preferir mantenerse cerca de la costa.[41] Si no perdías de vista la costa, no te podías perder.

El folklore puertorriqueño por lo general recoge una actitud temerosa hacia el mar y su agua salada, que se contrasta fuertemente con asociaciones positivas típicamente vistas con los cuerpos de agua dulce dentro de la tierra, como los arroyos, ríos y lagos. En el "Príncipe Encantado", de semejante temática al "Conde Olinos", vemos una tragedia amorosa semejante al Romeo y Julieta: la hija de un pescador es seducida por un pez, dando que el pescador lo mate y al suicidio de la hija. El refrán "al camarón que se duerme, se lo lleva la corriente" aparece en "Aventuras de Juan Muerto", en el cual el río sirve de guía a Juan a su salvación, aún cuando es ignorado por su propia distracción. Adivinanzas como la que dice "a calmar los rigores del duro estío, les esperan las aguas del manso río", describe una actitud hacia el agua dulce diametralmente opuesta al océano.

En varios cuentos, la playa es una zona de peligrosidad donde uno podía fácilmente perder la vida, tal como "El quincallero árabe", donde un hombre es asesinado en la Garita del Diablo en el Viejo San Juan.[42] En "La palma del martirio", María Teresa es asesinada por el soldado Daniel Gómez en la playa, luego de que ella resistiera sus avances sexuales. Gómez le advierte antes de matarla, "estamos en la playa y nadie te oirá…"[43]

Leyendas de Puerto Rico, Coll y Toste también relata el cuento de Rufino, un pescador de Aguadilla que batallaba tiburones con tal renombre que el virrey de Veracruz visita la isla en 1640 y le paga a Rufino para verlo batallar dentro del agua, otorgándole 2 onzas de oro luego de la difícil victoria. A pesar del éxito, un inherente peligro del mar sirve como eje central del cuento. El "Cristo de Ponce" de 1513, también relata otras constantes tragedias del mar: una carabela que se hunde tratando de entrar al puerto de San Juan durante un "tormentoso oleaje"; solo una caja, simbólica de lo religioso católico, salió flotando del atraco.[44] Como destaca Lidio Cruz Monclova, las costas y las playas se percibían como zonas de peligrosidad. Además del oleaje, también se temía el efecto nocivo de los manglares y su miasma a la salud, así como a los poderes coloniales abusivos españoles quienes dictaminaban arbitrariamente, si uno podía desembarcar mercancías—así impactando las economías locales aledañas.[45]

El mismo hispanófilo Coll y Toste le tenía enorme respeto, y temor, al océano; actitud que transfiere a los lectores de sus escritos. En su obituario de "El Marino Víctor Rojas" (1888) y "La Palanca", Coll y Toste destaca el peligro que representaba el océano Atlántico en Arecibo. Una fragata que estaba intentando huir una tormenta fue asediada por las olas.

> *El bote diestramente dirigido, intentó volver a tierra siguiendo la dirección del viento para ganar la playa, pero al llegar a la primera rompiente, una gran ola volcó la embarcación y empezó la lucha de sus tripulantes con el mar. Muy pronto desparecieron un hombre del grupo de los nadadores, era el capitán del Frederick.*[46]

Rojas trató de salvar a todos los que podía, incluyendo al capitán, instruyéndole que se removiera su chaqueta de lana—el cual rehusó hacerlo. A pesar de que Rojas tenía al capitán en sus manos, no pudo aguantarlo por el peso; "la ropa es traicionera y ayuda a la muerte."[47] Semejantemente, cuando un soldado cae al agua al tratar de abordar un vapor español, se cae al mar y se ahoga; no fue hasta que su cuerpo flota a la superficie, descompuesto y lleno de gases, que se pudo ubicar.[48]

La ausencia de una cultura de mar es quizás tajantemente demostrada cuando comparamos los periódicos de Puerto Rico con los de California durante el siglo colonial. El leguaje y las imágenes que predominaban los periódicos locales como *La Democracia*, *La Gaceta*, o el *Boletín Mercantil* con respecto al mar estaban llenos de lenguaje negativo, dominado por el peligro que el mar representaba.[49]

> *Y Juan empezó a nadar con todo el ardor de su alma soñadora. Primero una ola. Luego otra,*

> *después varias, lo elevaban á grandes alturas ó lo hundían en las profundidades del abismo. Pero él seguía luchando con fe creyendo ver cada vez más cerca el horizonte en que las aguas se juntaban con el cielo. Y así fue, de oleaje en oleaje, hasta que desapareció tras una inmensa montaña de espuma.... Al día siguiente, las olas arrojaron á la playa el cadáver de Juan.* (1893)[50]

Como indica el *Puerto Rico Ilustrado*, el oleaje comúnmente se utilizaba como metáfora del peligro, tanto en la política como en la vida; de fuerzas que destruían las acciones de hombres poco vigorosos.[51] La perseverancia que se requería en la política era semejante a la necesaria cuando se confrontaban las olas del mar; ambos eran ámbitos que requerían valentía y fortaleza para sobrevivir y superar los retos de la vida diaria.

> *Arar en el mar. . . . uno y otro día, y al otro de algún tiempo habrás aprendido a luchar con las olas y a no tener miedo a la tempestad. Y quien no se deja avasallar por el oleaje impetuoso de los mares, tampoco se dejará vencer por el oleaje de las pasiones, ni abrumar por la borraza de los infortunios.* (1906)[52]

El lenguaje literario reflejaba las duras realidades de los informes noticiarios que comúnmente se daban en la época. Noticias de 'vapores' hundiéndose fueron tan comunes a principios del siglo XX como lo habían sido durante el periodo colonial.[53]

El oleaje también servía como una metáfora del caos y desorden causado por el tiempo, que borraban toda memoria y recolección humana, reduciendo la civilización a nada a través de los siglos y milenios. Por eso, nos explica el autor en *La Gaceta*, la imprenta era tan necesaria para el bienestar común, y no un trivial "afán de la modernidad".[54]

> *...pero desgraciadamente la memoria es flaca, y el oleaje de hoy borra de la playa de nuestros recuerdos los caracteres que escribimos ayer,*

> *como mañana se verán borrados los de hoy; y de oleaje en oleaje, de impresión en impresión, puede perderse hasta la noción del tiempo. Pero ahí esta el libro, ahí esta el folleto, esa piqueta que la civilización ha puesto en nuestras manos para desenterrar, de las arenas que acumulará el olvido, el tesoro de los hechos históricos.*[55]

Debido que la navegación marítima era el principal método de transportación durante 400 años en la historia de Puerto Rico, uno de los temas más frecuentemente mencionados eran los peligros de estar en un bote en alta mar o en la costa, tanto en las noticias como en la ficción.[56]

No puede haber mayor contraste con la actitud puertorriqueña hacia el océano con la que se demostraba en California en estos años, las que hacían eco de una actitud positiva hawaiana hacia el mar. En sus periódicos, *Los Angeles Gerald*, *San Francisco Call*, así como el hawaiano *Pacific Commercial Advertiser*, el oleaje de mar fue caracterizado como fuente de placer y alegría; un divertido tiempo de ocio donde los muchachos se podían distinguir entre sí en competencias deportivas—e inclusive, hasta las mujeres.[57] Esto no es decir, por supuesto, que los peligros del mar eran invisibilizados en sus páginas, sino que la implícita visión de mundo era mucho mas variable. Las aguas del océano eran una fuente tanto de peligro como de deleite, constituyendo así una visión en el foro público más positiva y compleja de la que aparecía en la prensa puertorriqueña.[58]

El oleaje o "*surf*" en los periódicos previamente indicados era presentado como una actividad física saludable que fortalecía el cuerpo y la mente.[59] Los surfistas hawaianos, como George Freeth quien trajo el deporte a California en 1908, tenían despliegues del deporte en las playas públicas del Océano Pacífico, auspiciado por la *Southern Pacific Railroad.*[60] Viajes hacia Hawai desde California, donde uno podría practicar "*surf boating*" y "*surf boarding*" se podían obtener por solo $110. Tanto el *Capitolia streetcar* hacia Santa Cruz o el *Hotel del Coronado* tenían estas posibilidades; viajar a otras partes de California podía ser lo mismo que cruzar el Pacífico para llegar a Hawai.[61] Varios anuncios destacaban la belleza de Hawai y el deporte del surfing.[62]

En fuerte contraste con el abundante temor y distanciamiento al mar que predominaba en la prensa de Puerto Rico a finales del siglo XIX, majestuosas descripciones del deporte ya eran abundantes en sus páginas durante la primera década de siglo XX. El lector de estos rotativos recibía descripciones positivas del mar y sus retos—en particular sobre el deporte de surfing.

> *The great wave dashes onward, but as its bottom strikes the ground, the top, unretarded in its speed and force, breaks into a huge comber, and directly before this the surf-board swimmer is propelled with a speed which we times and found to exceed forty miles per hour. In fact, he goes like lightning always just ahead of the breaker, and apparently down hill, propelled by the vehement impulse of the roaring wave behind him...*[63]

Waikiki eran un sitio adorado:

> *...the surf-boating and surf-boarding at the Waikiki beach offers all, if not more than all, anyone could desire in the way of sport. It is certainly a wonderful experience to go out....and to be picked up by the surf and projected forward at the speed of a cannon ball....[Surf-board riding] is called the king of sports, and to me it is seems nothing less.*[64]

Sin duda,

> *[Surf-boarding] seems a greater achievement than anything [young boys] have ever done...not only is this a fine exercise, it is also a most healthy one...those that participate in it...[are] the very pictures of health and strength.*

El contraste de actitud hacia el mar entre los puertorriqueños y los hawaianos y/o californianos es marcadamente sustancial, dando a la siguiente pregunta: ¿por qué se desarrolló tal distanciamiento entre el puertorriqueño y el océano, a pesar de ser Puerto Rico una isla situada entre el Mar Caribe y el Océano Atlántico? De semejante manera podemos preguntar, si los indígenas nativos, sea Taínos o Caribes, con una tecnología mucho más simple eran grupos con una obvia cultura acuática, ¿por qué entonces se les hizo tán difícil a los colonos españoles adaptarse a las realidades acuáticas de la isla de Borinquén?

Cuando uno mira las localizaciones geográficas de las urbes coloniales de Puerto Rico, junto a fotografías aéreas de la isla, lo que más se destaca es el gran número de pueblos 'costeros' que actualmente se ubican relativamente distante de las costas, entre estos Rincón, Barceloneta, y Mayagüez.[65]

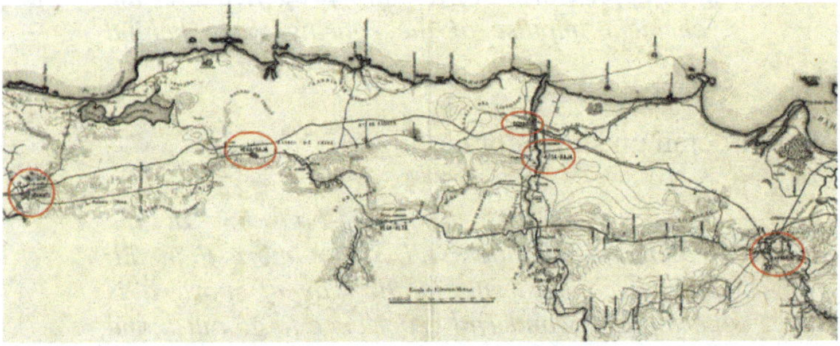

Mapa 1: Manatí, Vega Baja, Dorado, Bayamón colonial (1889)[66]

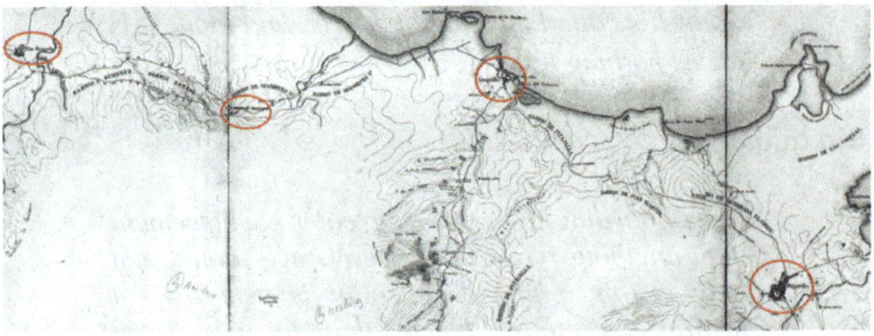

Mapa 2: Rio Grande, Luquillo y Fajardo colonial (1889)[67]

Ciertamente hubo algunos que se situaban mucho mas cercanos al mar, tales como Aguadilla, Arecibo y Hatillo, pero estos tienden a ser la excepción a la regla.[68] De 44 municipios que bordean la costa, solo 9 de sus urbes se encuentran relativamente junto al mar, claramente indicados por los mapas militares españoles del siglo XIX.

Mapa 3: Núcleos urbanos distante del mar u océano

Rincón, meca hoy de surfistas de todo la costa este de Estados Unidos,[69] extrañamente no es la excepción a la regla.

Mapa 4: Rincón (1889)[70]

Foto 1: Foto aérea Rincón (1930)[71]

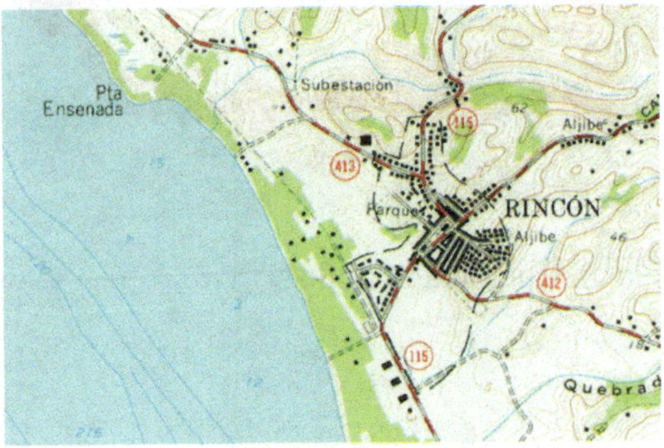

Mapa 5: Rincón (1966)[72]

La interacción diaria con un fenómeno tiende a desarrollar nuestro interés y destrezas con el objeto de cercanía; mientras más distante se encuentra, menos propensos estaremos a interaccionar con el objeto debido su distancia. Aunque unas pocas millas no nos importen en el mundo del 2021 debido a la relativa facilidad y bajo costo con el cual nos podemos transportar, sin duda tal no era el caso en el Puerto Rico colonial. Cuando comparamos la experiencia borinqueña histórica con la de Hawai, cuyo núcleo de surf se encontraba en la playa de Waikiki—tan cercana y tentadora al usuario, con olas que invitaban su uso y deleite, la diferencia de experiencia es sustancial. A pesar de tener una de las mejores olas del mundo, el surfing vino a Rincón exógenamente, desde afuera, y no originó endógenamente, desde sus procesos culturales internos.

La historia del pueblo de San Germán nos puede dilucidar esta particular dinámica.

La actual ciudad de San Germán, a unas 9 millas de la costa, fue ubicada luego de una trágica historia a través de medio siglo.[73] Entre 1510 y 1570, se reubicaría el núcleo social en por lo menos 7 lugares, generalmente en 3 áreas principales: Añasco, Guayanilla, y las Lomas de Santa María—esta siendo su ubicación permanente. La razón por tal errático movimiento se debe a los continuos ataques de los Caribes y los corsarios que sufrió la villa cuando estaba ubicada cerca de la costa.[74] Las arenosas áreas de Guayanilla junto a la pobreza del pueblo inhibían la construcción de algún tipo de fortín para su protección, explicando el curioso descubrimiento de cañones situados cerca de la playa en los 1960.[75] A pesar de que la monarquía inicialmente dividió la isla en la mitad, el incierto núcleo de la parte occidental, San Germán dió a su nombre de "pueblo nómada" en vez de "Nueva Salamanca" como quería nombrarla el gobernador Francisco de Solís.

Sus problemas fueron semejantes al caso de Hellas, descrito por Tucídides en su reconocida historia sobre la Guerra del Peloponeso. Las tempranas villas en la costa de la antigua Grecia estaban ubicadas distantes de la costa, por temor a la piratería.[76] Lo mismo podríamos decir de todos los núcleos sociales del Puerto Rico colonial. La fácil comunicación marítima del periodo colonial, como la nueva era del internet, luego de 1974 se prestaba para la fácil obtención ilegítima de bienes sudados por otros.[77] Una sustantiva porción de los núcleos urbanos fueron atacados en algún punto durante la primera mitad del siglo XVI: Aguada, Luquillo, Guayanilla, Guayama, etc.

De tal magnitud eran los ataques por indígenas o por piratas corsarios, al igual que la incertidumbre general que estos causaban, que la piratería se convirtió en una parte predominante de las tempranas historias autóctonas de Puerto Rico, como las de Salvador Brau e incluso las de Arturo Morales Carrión.[78] No tan solo fue San Germán quemado al piso en tres ocasiones, sino que los ataques a la isla de Borinquén eran tan frecuentes y exitosos, que solamente por buena y accidental "fortuna"—las enfermedades tropicales—Puerto Rico no fue conquistado por el exitoso ataque de Albercrombe.

El exclusivismo causado por el mercantilismo español, el cual intentaba dominar un área demasiada amplia, que no podía efectivamente controlar, abría un enorme espacio sin ágil seguridad en contra de estos ataques. Todos los pueblos costeros continuamente solicitaban fortalezas a la metrópolis ibérica, pero España simplemente carecía de los recursos para cumplir con el sinnúmero de solicitudes—dando así a la creación de enormes poblaciones costeras desprotegidas quienes tenían que tomar su seguridad en sus propias manos.

La Armada, diseñada para proteger los cargamentos de oro y plata de las Américas, contribuyó al deterioro, aumentando el costo del imperio para España.[79] Francia, quien ya había invadido exitosamente a La Española, presumió en un punto que podría conquistar todo el Caribe hispánico; se argumenta que El Morro fue construido solamente para que Puerto Rico no fuese ocupado por los ingleses o cualquier otro rival europeo.[80]

Sin duda, las acciones de España de por si empeoraban la situación. Los bucaneros qua fenómeno social fueron 'construidos' por la crueldad de las políticas españolas. Cuando el estado decidió matar todo el venado vacuno para que las poblaciones aisladas cedieran ante el control estatal; lo único que hicieron fue exacerbar la ira y el sentido de injusticia que impulsaba sus barbáricos ataques, que luego fueron tan protagonizados por los portugueses. Alonso describe al pirata Almeyra, que asesinaba a todas las tripulaciones de buques ocupados.[81]

Tal fue el grado, que es sorprendente que España pudiera mantener su imperio por el tiempo que lo hizo. Cuando los poderes europeos fueron a establecer un 'trato' justo entre las partes en 1596, para dividirse entre si el banquete que representaba el Caribe, Francia traicionó a sus vecinos europeos, violando sus acuerdos al lograr un trato directo con España. Aunque la misma España también trató de imitar a sus rivales, estableciendo sus propios corsarios como el afro-puertorriqueño Miguel Hernández, por lo general no tuvieron el mismo grado de éxito. España, por largos años fue, opacada por el pensamiento medieval.[82] El tan idealizado corsario Roberto Cofresí a principios del siglo XIX ya se había convertido en una reliquia. Cuando Estados Unidos creció como poderío y empezó a patrullar las aguas caribeñas en 1823, la piratería formalmente cesó—algo que se le había hecho imposible a España, tan enfrascada en su perspectiva medieval.[83]

Las distantes velas podían significar tanto el beneficio del contrabando o la violencia de la piratería, dando una actitud cautelosa hacia el mar y el océano ante la inseguridad de la transportación y la comunicación colonial.[84] Dicha realidad creó una cultura puertorriqueña bifurcada, de acuerdo a Morales Carrión: la cultura de la montaña y la cultura de la urbe.[85] Aún así, Arturo Morales Carrión no parece haberse percatado de un impacto cultural generalizado en la relación entre los puertorriqueños y el mar: la ausencia de una cultura acuática.

Semejantemente, el temprano periodo colonial puertorriqueño fue caracterizado por barbáricos ataques indígenas, los peores perpetuados de los Caribes. Estos típicamente venían en sus canoas desde las islas al este de Puerto Rico, dando que pequeñas aglomeraciones criollas sociales como las aisladas fincas rurales, fuesen brutalmente atacadas—una violencia que caracterizó la temprana era colonial, muy en contraste con las idealizadas presunciones de Colón.[86] Muchas de las haciendas en el cuadrante este y suroeste de la isla fueron abandonadas debido a tales ataques.[87] Aunque los taínos también habían sido víctimas de los ataques caribes, en múltiples instancias, unieron sus fuerzas con estos en contra de un enemigo común, pero tristemente fueron en contra de la corriente de la historia.

Como consecuencia de la agresión externa a través de sus dominios, incluyendo el de Puerto Rico que entonces formaba parte de la Audiencia de Santo Domingo (Hispañola), la monarquía española decidió estipular nuevos criterios para la fundación de urbes coloniales en la isla. A ciudades costeras como Ponce se le requirió que cumplieran con los reglamentos estipulados en la *Recopilación de Leyes de Los Reynos de Las Indias* (1680-1).[88] Mientras que facilitaba la ubicación de los nuevos pueblos cercanos a los ríos, prohibía su ubicación en Puertos de Mar, al contravenir los intereses de la corona; zonas costaneras tenían el deber de servir como protección; el casco urbano de Ponce quedó a 3.7 millas distante de la costa.[89]

Mapa 6: Ponce (1888)[90]

Debido a que también estipulaba una distancia mínima de la costa para su defensa, unos 300 pies, en el cual se podría ubicar una muralla y su guarnición, el distanciamiento urbano de la costa fue estructurado como institución legal, con contundentes repercusiones culturales imprevistas y no-intencionadas a través de todo Puerto Rico. Inversamente, a pesar de su enorme esfuerzo, la monarquía española tuvo poco éxito con respecto a la prohibición de una cultura de corrupción en el ámbito Hispanoamericano; la cultura no se puede legislar tan fácilmente como eso.[91]

El sistema colonial español no engendró una cercana asociación con el océano, sino todo lo opuesto. Cartas del temprano periodo colonial sugieren que los españoles tenían una relación distante con el mar, por lo menos en comparación con los grupos indígenas; de hecho estos en demasiadas ocasiones tenían que cargar a los primeros por cuerpos de agua para que no se ahogasen.[92] Como sugiere Michele de Cuneo en 1494, una porción sustantiva de españoles no sabían nadar a pesar del proyecto de su ejecutoria.[93] Durante el ataque a Aguadilla en 1797, Middelyk nos indica que la fragata inglesa fue repulsada por los locales con lanzas y machetes, persiguiendo a los atacantes hasta el agua, sin meterse muy profundamente en ella.[94]

Las advertencias a las criaturas del mar ya habían sido hechas por Gonzalo Fernández de Oviedo tempranamente durante el periodo colonial. Había una enorme diferencia entre nadar por placer y nadar por necesidad. Los peces del mar eran mucho más rápidos que los hombres, resultando en una insuperable desventaja. "[H]ay mucha diferencia a llevarlo atado e arrastrando del agua por la fuerza de un grandísimo animal marítimo, que los tales son de tanta velocidad, que ninguno ligero caballo o ciervo en la tierra no es tan suelto ni ligero." Los tiburones eran las peores de todas las extrañas criaturas del océano.[95]

Sin duda, los marineros coloniales tenían mucha cautela al acercarse a la orilla, en parte también por el daño que podían causar las olas. Diego Álvarez Chanca indica que cuando llegaron a lo que hoy se conoce como las Islas Vírgenes, se mantuvieron en alta mar "por temor a los escollos".[96] Tapia en su *Biblioteca* destaca que muchos cristianos se habían ahogado en alta mar.[97] Coll y Toste argumenta que la Armada navegó por la costa sur de Puerto Rico, "lo más alejada posible de tierra, y al notar frente a la punta Paragüera el Cabo Rojo, se echara mas fuera aún."[98] Por ende el consejo de cautela en la vida, y el refrán popular "no te bañes niño, hasta que no sepas nadar."[99] Por contraste, las descripciones de marineros no-hispánicos eran diferentes; su habilidad marítima sorprendieron a los testigos hispánicos, tal como el de John Berkley durante el ataque a la capital por Cumberland.[100]

La advertencia sobre el mar y el oleaje hecha por Iñigo Abad y Lasierra fue contundente; uno nunca sabía cuando llegaría un huracán, el más terrible de los fenómenos naturales.

> *En estas ocasiones el mar aparece tranquilo, las olas vienen desde lejos muy mansas hasta la distancia de 20 á 25 toesas de la costa. Entonces se elevan de repente como impelidas de una fuerza superior y chocan contra la tierra con una violencia asombrosa, causando un ruido y efervescencia extraordinaria. Los bajeles anclados en los puertos no pueden resistir el impulso de esta mar rejada sobre sus anclas y los arrastra sin arbitrio contra la costa.*[101]

Una vez más, el mar no es un referente cultural, y cuando lo es, típicamente constituye una advertencia de peligro como captura Cruz Monclova en el lenguaje político.[102] En el estudio de Ángel López Cantos sobre los puertorriqueños durante el siglo XVIII, el mar brilla por su ausencia. Este también estudió al pirata puertorriqueño Miguel Hernández, que debería ser explorado en mayor detalle, debido a que los afro-puertorriqueños eran uno de los mayores grupos demográficos que ocupaban la costa. [103]

Curiosamente, la migración de puertorriqueños a Hawai a principios del siglo XX tampoco captura alguna relación marítima que pudieron haber tenido; los más prominente que se destacaba era la hambruna y la medicina folklórica.[104] Su carácter es particular, al Hawai ser la meca mundial del surfing; aunque los migrantes tuvieron exposición al mejor oleaje del mundo, sus preocupaciones estaban situadas en la sobrevivencia.[105] Sin duda, para esa época, el deporte autóctono del surfing había decaído bajo la opresión cultural de colonos estadounidenses protestantes que valorizaban el trabajo por encima de cualquier actividad de ocio.

Lo particularmente extraño es que la llegada de los españoles constituyó un retroceso cultural, en contraste con la abundante cultura marítima que rigió el indígena Caribe arcaico.

Aunque, como señala Abad y Lasierra, hubo jíbaros que adoptaron la cultura de mar indígena, tal como el uso de la canoa para trasportarse de un sitio a otro debido a la pobre transportación por tierra de la época colonial, estos parecen haber sido la excepción a la regla.[106] Dicha adaptación cultural fue vista con malos ojos por el sacerdote. "Así como los habitantes de Puerto Rico ha admirado de los antiguos moradores de esta isla la indolencia, frugalidad, desinterés, hospitalidad y otras circunstancias características de los indios, han conservado igualmente muchas de sus costumbres."[107] Las costumbres indígenas, sin duda alguna eran impresionantes.

La cultura marítima indígena en el Caribe del periodo arcaico fue de sorprendente sofisticación, a la par respectivamente con la Azteca y la Maya con respecto a su dominio de la naturaleza.[108] Sus tecnologías tenían un alto nivel de conceptualización y no cabe duda que, bajo circunstancias diferentes, estos hubiesen desarrollado un deporte semejante al surfing hawaiano de no haber llegado los españoles. Por ejemplo, sus remos de forma diagonal estirada longitudinalmente maximizaban su fortaleza mientras que reducían su peso[109]; las canoas eran de 50 pies de largo, con extensiones horizontales en sus terminaciones—como un '*telomere*' genético—para que no se rajaran sus botes en la mitad.

Como los hawaianos, habían rituales particulares en la construcción de sus canoas. No tomaban cualquier especie de árbol, sino que habían aprendido a identificar los troncos más robustos, como el tabonuco *Dacrypodes excelsa*), que crecía derecho y ancho, al igual que el cedro (*Cedrela odorata L.)*.[110] Como veremos, había una fuerte similitud con la sofisticación del uso de madera por los hawaianos.[111]

El conocimiento del mar y el océano eran impresionantes, aunque se argumenta que su distribución fue mas accidental que conscientemente dirigida.[112] Sus viajes se extendían a través de todo el Caribe, desde las islas Trinidad, próximas al hoy Venezuela, hasta las Bahamas, cerca de

Estados Unidos. Su núcleo principal se ubicaba en Dominica, con una población de unas 3,000 personas; Guadeloupe y Martinique también constituían núcleos sociales. Sus viajes invasivos desde las Antillas Menores a las Mayores eran sorprendentemente coordinados por participantes de diferentes islas; algunos ataques se asemejaban a las flotas mercantiles estadounidenses, en el sentido que traían consigo naves y tripulación de apoyo a su función principal.

Con la llegada de los españoles, empezaron a usar velas, aunque la proa elevada ya existía antes de su llegada. Las invasiones a islas aledañas extrañamente ocurrían durante la temporada de huracanes, entre agosto y octubre, meses que eran altamente temidos por las poblaciones aledañas. Los Caribes, con pelo largo y más corpulentos que los Taínos, se pintaban los ojos negros e impartían terror dondequiera que iban. Los Taínos suplicaban la ayuda de los españoles, y ni se atrevían mirar a los ojos de los Caribes por el temor que difundían; los ahogaban con manos y pies atados y—de ser puestos en libertad—temían por sus vidas ante represalias.

No podemos dudar que los ataques de los Caribes a las colonias españolas del Caribe también disuadieron a los criollos de un mayor contacto con el océano. De hecho, una gran mayoría de los entornos sociales de los Taínos se ubicaban lejos de la orilla, al interior, para así no caer como fácil e inesperada víctima de sus ataques.[113] Típicamente capturaban a los niños y a las mujeres y se comían a los hombres—un canibalismo que naturalmente traumatizó las tribus aledañas.[114]

> *Aquéllos, cuando logran apoderarse de los indios, los comen como nosotros a los cabritos, y dicen que la carne del varón es mejor que la de la mujer. Son muy aficionados a la carne humana, y para poderla comer algunos suele estar lejos de sus pueblos seiz, ocho y diez años sin volver; acostumbran a quedarse en las islas hasta despoblarla.*[115]

Luisa de Nabarete fue una esclava capturada por los Caribes que milagrosamente logró escaparse; testificó que 20% de sus poblaciones eran esclavos de todo tipo racial. Juana González, mujer de Antonio Rodríguez, también logró sobrevivir luego de que le dieran macanazos en la cabeza y, haciéndola por muerta, la tiraron al mar. Juana flotó hasta el río de Guayama, donde recibió atención médica.[116]

Ningún español tenía protección; incluso el propio hijo de Juan Ponce de León II, García Troche, fue capturado, al igual que el hijo de Domingo Pizarro. Un ataque a Guadeloupe por Ponce de León mismo fue un desastre. Puerto Rico sufrió severos ataques de los Caribes en 1513, 1520, 1529, 1567, 1572, 1578, y 1580. El último ataque Caribe parece haber ocurrido en 1602. Ya para 1587 se había advertido que, "si no se rremedia semejante cosa que esta testigo tiene por cierto que por vasa de los dichos cariues esta ysla de despoblara."[117]

Como destacó Ricardo Alegría, fue la cruel violencia que impartían los Caribes que permitió la inicial entrada de la esclavitud en el colonialismo español; originalmente cuando Colón solicitó permiso para esclavizarlos, la solicitud fue postergada.[118] Como la ocupación del Caribe por Estados Unidos durante el siglo XIX, no fue hasta la llegada de la colonización por los ingleses y los holandeses sobre las Antillas Menores durante el siglo XVII que estas tribus empezaron a ser 'pacificadas', dando a un gradual cambio cultural en sus propios grupos como testificaron los cronistas franceses.

Bartolomé de las Casas aptamente captura la violencia del periodo colonial, al igual que lo que implicaban los ataques indígenas para sus víctimas criollas.

> *En fin, uno de los hombres de tripulación de tales buques me dijo que las setenta leguas de mar que se navegan desde las Islas Lucayas hasta la Española pueden ser caminadas sin carta de marcar y sin aguja con solo seguir el rastro de los cadáveres humanos arrojados al mar....*[119]

Notas

[1] *Puerto Rico Ilustrado*, núm. 103, 17 de febrero de 1912, p. 21.
[2] Sea Grant, *Sea Grant in the Caribbean* (Mayagüez, Puerto Rico: Programa de Colegio Sea Grant, UPR, July-Sept, 1992, p 1; Roberto Chaparro, "Puerto Rico's Beaches: How to Resolve a Crisis", *Sea Grant in the Caribbean* (April-June 1998), p. 2.
[3] B. Chris Brewster, James Hamilton McCardy, Giovanni J. Serrano, *Aquatic Safety Assessment and Recommendations: Commonwealth of Puerto Rico* (Mayagüez, Puerto Rico: Sea Grant Puerto Rico, 2014), pp. 5, 9, 10.
[4] Ibíd., p 8.
[5] Sylvia E. Santiago Figueroa, "Centro para la Recreación: El Escambrón", Tesis MA, Escuela de Arquitectura, UPR 1987; *Sports in America: Recreation, Business, Education, and Controversy* (Gale, 2008), accedido May 13, 2019, Cap. 2: "Sports Participation and Attendance", p 3. El número establecido por Karell Salas de unos 100,000 surfers en 1955 es muy elevado; de ser correcto Marías y Domes en Rincón serían imposible surfear en un buen día. Quizás habrán 100,000 clientes de traje de baños, pero no surfistas activos. Para el nivel poblacional que tiene Puerto Rico, la cantidad de surfistas está por debajo de lo que debería de tener. Justo Karell Salas, "Historia del Deporte de Tabla Hawaiana en Puerto Rico" *Tiempo Libre*, (febrero 1995), 16-18.
[6] Laderman establece que 0.72% de la población japonesa surfeaba en 1970. Semejantemente, se sabe que hubo 1.45 millones de surfers en Estados Unidos para 1987, y 2.18 millones en el 2000, subiendo como porcentaje población de 0.59% a 0.77%. Scott Laderman, *Empire in Waves: A Political History of Surfing* (Berkeley, CA: University of California Press, 2014), passim;

Sports in America: Recreation, Business, Education, and Controversy (Gale, 2008), accedido 13 de mayo de 2019, cápt. 2

[7] Santiago, p 50-1; p 42.

[8] Fotos de la era indican que hubo una piscina en el Viejo San Juan, situada por donde está el Instituto de Neurobiología.

[9] Ibíd., p 54.

[10] Santiago, p. 45.

[11] Antonio Sotomayor Carlo, "Playing the Nation in a Colonial Island: Sport, Culture and Politics in Puerto Rico" PhD Thesis, Dept. of History, University of Chicago, 2012, p. 56-8.

[12] Ibíd., p 40-2. También ver López para juegos y tradiciones; el mar no es un referente cultural en su obra. Ángel López Cantos, *Los puertorriqueños: mentalidad y actitudes Siglo XVIII* (San Juan, Puerto Rico: Ediciones Puerto, 2001).

[13] Blanca Silvestrini, *Historia de Puerto Rico: Trayectoria de un pueblo* (San Juan, Puerto Rico: Editorial La Biblioteca, 1988), p. 316.

[14] Estas eran favorecidas, cuando jinetes caían por sus enormes paredes al no poder controlar su velocidad, fenómeno que dio a la construcción de la Capilla del Cristo. Salvador Brau, *Historia de Puerto Rico* (San Juan, Puerto Rico: Editorial Edil, 2015).

[15] Los soldados, como ejemplo de su ejercicio, se tiraban bolas pesadas, para fortalecer sus músculos.

[16] E. Fernández García, ed., *El libro de Puerto Rico: The Book of Puerto Rico* (San Juan, Puerto Rico: El Libro Azul Publishing Co., 1923), p 444; Julian H. Steward, ed., *The People of Puerto Rico: A study in Social Anthropology* (Urbana, Illinois: University of Illinois Press, 1966), p. 302, 214.

[17] Sotomayor, p 76.

[18] La mayoría de los hijos de familias prominentes sabían nadar. Steward, p 453.

[19] Sotomayor, 339-340; 326.

[20] La piscina fue demolida durante la administración de Pedro Rosselló.

[21] *Ramey Tropicair* (Aguadilla), 1967; *Revista Deportiva*, 1916-1917. Curiosamente, habían más artículos sobre la ciencia y la tecnología en la *Revista Deportiva* que revistas ilustres del siglo XIX.

[22] *Island Times*, 5 de enero de 1962; 2 de febrero de 1962, 16 de febrero de 1962, 23 de febrero de 1962, 22 de marzo de 1962, 2 de marzo de 1962, 20 de marzo de 1962, 16 de abril de 1962, 27 de abril de 1962, 16 de marzo de 1968, 26 de enero de 1968.
[23] Carlos Uriarte González, *De Londres a Londres: Juegos Olímpicos, una mirada desde Puerto Rico 1948-2012* (República Dominicana: Serigrafía, SA, 2012); Carlos Uriarte González, *Puerto Rico en el Continente, 1951-2011* (República Dominicana, Serigraf, SA, 2011); Carlos Uriarte González, *80 años de acción y pasión: Puerto Rico en los Juegos Centroamericanos y del Caribe 1930-2010* (Colombia, Nomos Impresores, 2009); Carlos Uriarte González, ed., *Juegos Deportivos Centroamericanos y del Caribe: Los Juegos Regionales Mas Antiguos* (San Juan, Puerto Rico: COR-Juegos Ponce, 1993).
[24] Rebecca Nelson y Marie J. MacNee, eds., *The Olympic Factbook* (New York: Visible Inc., 1996), p. 469.
[25] Duke Kahanamoku ganó oro en las Olimpiadas de Estocolmo de 1912; murió por condición cardiáca el mismo año que la competencia mundial en Puerto Rico (1968). Marco Antonio Bettine de Almeida, Fernanda Amaral, Matheus Tadei, "A evolução historíca da prancha de surf e seu aperfeiçionamento tecnologógico" EFDeportes 17,169 (junio 20102), html http://www.efdeportes.com. Accessed May 14, 2019; Drew Kampion, *Greg Noll: The Art of the Surfboard* (Salt Lake City, UT: Gibbs Smith Publisher, 2007).
[26] Brau, Historia de Puerto Rico, passim.
[27] Teodoro Vidal, *José Campeche, 1751-1809* (San Juan, Puerto Rico: Instituto de Cultura Puerto Rico, 1971), p. 52.
[28] Teodoro Vidal, *Cuatro Campeches de Regreso en Puerto Rico* (San Juan, Puerto Rico: Ediciones Alba, 2011); Teodoro Vidal, *Cuatro Puertorriqueñas por Campeche* (San Juan, Puerto Rico: Ediciones Alba, 2000); Teodoro Vidal, *José Campeche: Retratista de una Época* (San Juan, Puerto Rico: Ediciones Alba, 2005); Osiris Delgado Mercado, *Historia General de las Artes Plásticas en Puerto Rico*, vol. 1 (San Juan, Puerto Rico: SN, 1994); Ana Riutort, *Historia Breve del Arte Puertorriqueño en su Contexto Universal* (Madrid, España: Editorial Playor, 1989).

[29] Manuel Fernández Juncos, *Galería Puertorriqueña: Tipos y caracteres, costumbres y tradiciones* (San Juan, Puerto Rico: Instituto de Cultura Puertorriqueña, 1958).
[30] Por contraste, las asociaciones hechas con las aguas dulces de los ríos eran positiva.
[31] Manuel Alonso, *El Jíbaro*, ed. Félix Córdova Iturregui (San Juan, Puerto Rico: Ediciones Huracán, 2001), p 133-135.
[32] Ibíd.
[33] Eduardo Forastieri Bracchi, "El pan nuestro, la mascarada jíbara y los jibaros de Ramón Frade y de Miguel Meléndez Muñoz" *Confluencia* (Spring 2011), pp. 85-94.
[34] Osiris Delgado Mercado, *Ramón Frade León, Pintor Puertorriqueño (1875-1954): Un virtuoso intelecto* (San Juan, PR: Centro de Estudios Avanzados de Puerto Rico y El Caribe, 1989), Ilenia Colón Mendoza, "Ramón Frade's *El Pan Nuestro*: The *Jibaro* as a Visual Construction of Puerto Rican National Identity" in *Athanor* XXII, pp. 77-83; Nathaniel L. Córdova, "In his image and likeness: the Puerto Rican jibaro as political icon" *Centro Journal* XVII, 2 (Fall 2005), p 171-191
[35] Colón Mendoza, passim. Como señala Scarano, a través de América Latina, la noción del jíbaro (agricultor de la montaña) no tenía una imagen positiva. Francisco A. Scarano, "The Jibaro Masquerade and the Subatlern Politics of Creole Identity Formation in Puerto Rico, 1745-1823" *American Historical Review* 101, 5 (Dec. 1996), 1398-1431.
[36] *Polémica sobre Boorstin* (San Juan, Puerto Rico: Departamento de Instrucción Pública, 1956). Para obtener una visión actualizada, ver David Griffith and Manuel Valdéz Pizzini, *Fishers a Work, Workers at Sea: A Puerto Rican Journey through Labor and Refuge* (Philadelphia: Temple University Press, 2002).
[37] Irizelma Robles Álvarez, *La marejada de los muertos: Tradición oral de los pescadores de la costa norte de Puerto Rico* (San Juan, Puerto Rico: Centro de Investigaciones Sociales UPR, 2009).
[38] Aguadilla tenía un 85% de analfabetismo. "[I]gnorance [is] so great especially among the lower classes as to be almost incredible. A more perfect system of oppressive where the masses were subject to the will of the few it would be difficult to conceive and length of time necessary to entirely wipe out the effect of this system remains to be seen." Álvaro M. Rivera Ruiz, Aguadilla: el

pueblo que le dio la espalda al mar (San Juan, Puerto Rico: Isla Negra Editores, 2012), p. 91.
[39] Fernós, *Science and Sovereignty: Western Ideas about Science and Nation and their Expression in Puerto Rico and the Caribbean* (Corpus Cristi, TX: VirtualBookWorm 2021), passim.
[40] El primero daba al exilio del joven aprendiz mientras que el segundo a que un cuerpo moribundo fuese arrastrado al lado de este.
[41] Robles, cápt. 4.
[42] Mari Gloria Palma, ed., *Muestras del Folklore Puertorriqueño* (San Juan, Puerto Rico: Edición Edil, 1981), passim.
[43] Cayetano Coll y Toste, *Leyendas Puertorriqueñas* (San Juan, Puerto Rico: Editorial Puerto Rico Ilustrado, 1924), p 179.
[44] Ibíd, p 21.
[45] Lidio Cruz Monclova, *Historia de Puerto Rico, siglo XIX* (San Juan, Puerto Rico: Editorial Universitaria, Universidad de Puerto Rico, 1971), v. 2, pt. 2, p. 823; v. 3, pt. 1, p. 395.
[46] Ibíd, vol9019, p 36, 186-7, 259.
[47] Rojas mismo le enseñó a Coll y Toste a nadar, por el cual estuvo profundamente agradecido. En 1878, cuando Coll y Toste practicaba la medicina en Arecibo, se encontraba por los Morrillos, cerca del río llamado "Abacoa" por los indígenas; de haber caído, hubiese sido llevado a alta mar. "[P]odemos irnos al menor descuido boca afuera y el mar en sus rompientes pronto nos destrozaría…en los riesgos, o peligros de la vida, procura ser siempre cauto…" Ibíd.
[48] Cayetano Coll y Toste, *Leyendas Puertorriqueñas* (San Juan, Puerto Rico: Cantero, Fernández & Co., 1925), v. 3, p. 177.
[49] Library of Congress, "Chronicling America", html: https://chroniclingamerica.loc.gov, April 4, 2019.
[50] "Las ilusiones de Juan", *La Democracia*, 12 de junio de 1893.
[51] "Un gobierno que no hace hada, que no tiene ideales, o que carece de energías, de carácter para realizarlos, es un gobierno que parece fatalmente arrastrado por el oleaje de aquellos mismos elementos a quienes pretende dirigir." (1919) Puerto *Rico Ilustrado*, 8 de febrero de 1919, p. 5.
[52] *La Democracia*, 14 de noviembre de 1906, p 2.
[53] "Los dramas del mar", *Puerto Rico Ilustrado*, enero de 1910, p 17; "Las tragedias del mar" *Puerto Rico Ilustrado*, 15 de enero de

1915, p. 13; "La última tragedia en el mar, *Puerto Rico Ilustrado*, 5 de noviembre de 1911, p. 13. Si consideramos los poderosos huracanes a principio de siglo, el natural temor se hace aún más palpable. El *Puerto Rico Ilustrado* tuvo una revista entera dedicada a los estragos del Huracán San Felipe de 1928.
[54] Silvia Álvarez-Curbelo, *Un país del porvenir: El afán de modernidad en Puerto Rico, siglo XIX* (San Juan : Ediciones Callejón, 2001).
[55] *Boletín Mercantil*, 16 de noviembre de 1887, p.3.
[56] "El impetuoso oleaje se repetía sin cesar en medio de un ruido espantoso y de una oscuridad profunda. Mis manos ensangrentadas se adherían con desesperación a la borda y mi cuerpo era sacudido con brutal violencia contra el casco." *La Correspondencia de Puerto Rico*, 14 de noviembre de 1909, p. 7.
[57] "Girls Who are in the Swim", Sunday Ad
[58] "Daring on Land and Sea" *Los Angeles Herald*, March 24, 1895, p. 15; "Royal Hawaii Band", Los *Angeles Gerald*, June 25, 1895, p. 7.
[59] Jack Densham, "Surf Riding", *Pacific Commercia Advertiser* June 1, 1909, p. 3.
[60] "Freeth will Ride Atlantic Rollers", *Sunday Advertiser*, June 23, 1907, p 2.
[61] *San Francisco Call*, November 28, 1911, p. 3; *San Francisco Call*, February 20, 1912, p. 3; *San Francisco Call*, August 19, 1912, p. 3; *San Francisco Call*, July 27, 1913, p. 53; Pacific *Commercial Advertiser*, July 22, 1909; *Pacific Commercial Advertiser*, September 9, 1906, p. 17.
[62] "*Hilo is one of the very few places on these islands where you can see a truly royal sport—the surf-board. It requires a rough day and a heavy surf, but...it is one of the finest sights in the world.*" *Pacific Commercial Advertiser*, March 10, 1899; December 11, 1904; *Los Angeles Herald*, February 16, 1894, p. 13; *Los Angeles Herald*, June 25, 1895, p. 7.
[63] "Hawaii-Nei a Generation Ago: Early Impressions of Charles Nordhoff", *Sunday Advertiser*, December 11, 1904, p. 5.
[64] "Sea, Surf-Board and Sun-Bath" *Pacific Commercial Advertiser*, September 9, 1906.
[65] Incluyen Aguada, Añasco, Bayamón, Carolina, Ceiba, Dorado, Fajardo, Guayama, Isabela, Manatí, Mayagüez, Naguabo, Ponce,

Quebradillas, Río Grande, Rincón, Salinas, Santa Isabel, Vega Baja, Yabucoa y otros.

[66] CIH, Documentación de Puerto Rico en el Archivo Cartográfico y de Estudios Geográficos del Centro Geográfico del Ejército (Madrid, España: Centro Geográfico del Ejército de Tierra, 2007), Serie: Comisión Topográfica de 1873, 75-100; "Cartas topográficas de Puerto Rico, 1889", caja 37007, AR_J_T_4_C_3_131.

[67] Ibíd., AR_J_T_4_C_3_102.

[68] Muchos de los más cercanos simplemente están ubicados en mares peligrosos de altas marejadas, tal como Arecibo y Hatillo.

[69] Léase Florida, Carolina del Norte, y Nueva Jersey.

[70] CIH, Archivo Cartográfico, caja 37007.

[71] *PR 1930 Aerial image database*, html: http://pr1930.revistatp.com/index.html, june 24, 2019.

[72] US Department of the Interior, Geological Survey, *Puerto Rico-Rincón*, N1815-W6707, 1966.

[73] Luis J. Torres Oliver, *El Cuatricentenario de San Germán* (San Germán, Puerto Rico: Imprenta Vda. De Daniel Cochs, 1971), cápt. 1.

[74] Ibíd., p 307.

[75] "San Germán sufrió cerca de medio siglo de ataques constantes por los indios, aliados con los caribes, y por los piratas y corsarios europeos. San Germán fue el blanco predilecto de estas fechorías por no tener fortaleza como Caparra, ni puerto protegido por una boca estrecha y defendible como la del Morro." *Ibíd., p. 39.*

[76] *"With respect to their towns, later on, at an era of increased facilities of navigation and a greater supply of capital, we find the shores becoming the site of walled towns, and the isthmuses being occupied for the purposes of commerce and defense against a neighbor. But the old towns, on account of the great prevalence of piracy, were built away from the sea, whether on the islands or the continent, and still remain in their old sites. For the pirates used to plunder one another, and indeed all coast[al] populations, whether seafaring or not.*" Thucydides, *The History of the Peloponnesian War,* in *Great Books of the Western World*, ed. Robert Maynard Hutchins, vol. 6, (Chicago, IL: Encyclopedia Britannica Inc., 1923), p. 350.

[77] Ambos son denominados como 'eras de piraterías' por buena razón, sugiriendo que hasta que no se estableciera control estatal del medio, seguiría predominando la piratería.
[78] Brau, *Historia de Puerto Rico*; Arturo Morales Carrión, *Ojeada al Proceso Histórico de Puerto Rico* (San Juan, Puerto Rico: Editorial del Departamento de Instrucción de Puerto Rico, 1950); Arturo Morales Carrión, *Puerto Rico and the Non-Hispanic Caribbean: A Study in the Decline of Spanish Exclusivism* (San Juan, Puerto Rico: UPR Press, 1952).
[79] Pary, chpt 13.
[80] Ibíd.
[81] Alonso, pp. 267-71.
[82] "*As the maritime nations of the North-West, aggressive, piratical and Protestant, threatened Spain in Europe as well as in America, it was natural that Catholicism in Spain and in America should become more intransigent, more suspicious of empiricism and rationalism and the new sciences of Europe. Spain, to preserve its identity, anchored itself both to the Church and to the past.*" Pary, p. 24.
[83] Brau, Historia de Puerto Rico, passim.
[84] La mayoría de los ataques piratas ocurrían al sur de la isla, en parte debido a sus mas tranquilas aguas.
[85] Morales Carrión, *Ojeada*, passim.
[86] Eugenio Fernández Méndez, ed., *Crónicas de Puerto Rico: Desde la conquista hasta nuestros dias (1493-1955)*, 8th ed. (San Juan, Puerto Rico: Publicaciones Gaviota, 2007), passim.
[87] Ibíd., 122-3.
[88] La recopilación fue influenciada por el *Cedulario de Encinas*, preparado para el Rey Felipe II en 1573. Luis Caldera Ortíz, "Nacimiento del Pueblo de Nuestra Señora de Guadalupe en Ponce, Antes del 1692" PhD tesis, Departamento de Historia, Universidad InterAmericana, 2018, cápt. 3.
[89] "Territorio y término para nueva población no se pueda conceder, ni tomar por asiento en Puertos de Mar, ni en parte, que en algún tiempo pueda redundar en perjuicio de nuestra Corona Real, no de la República, porque nuestra voluntad es que queden reservados para Nos." Antonio Pérez de Osoto, *Recopilación de Leyes de Los Reynos de Las Indias, Tomo Segundo* (Madrid,

España: 1774), Libro 5, titulo 7, "Ley sj: Qué el territorio no se tome en Puerto de Mar ni en parte, que perjudique").
[90] Op. Cit (64).
[91] Los mismos problemas de abuso de poder que intentaron prohibir durante el siglo XVII, se siguen repitiendo en la actualidad, con variantes contemporáneas: "Ley xij: Qué los Virreyes, Presidentes y Oidores no impodrán las eleciones a los Capitualres"; "Ley xiij: Qué ningún Oidor entre en el Cabildo"; "Ley ix: Los gobernadores dejen a los Regidores usar sus disputaciones y votar libremente"; "Ley x: Qué ningún Gobernador pueda impedir, ni solicitar votos, y al regularlo se hallendos Regidores" ; "Ley xij: Qué los Gobernadores no obliguen a que los votos del Cabildo se escriban en papel suelto, ni firmen en blanco; "Ley xvij: Qué las Cedulas Reales para Cabildos se abran en ellos"; "Ley xxj: Qué un Oidor por turno revea las cuentas, que el Cabildo tomare"; "Ley xxij: Qué la Justicia, y su Regidor nombrado, hagan las posturas a precios justos"; "Ley xxiij: Qué naide ocupe las Casas del Cabildo". Ibíd.
[92] Michele de Cuneo, "Letter 1494" en John H. Parry and Robert G. Keith, eds. *New Iberian World: a Documentary History of the Discovery and Settlement of Latin America to the Early 17th Century*. 5 vols. (New York: Times Books, 1984), p. 215.
[93] Estos requerían que los indígenas los ayudaran a cruzar los ríos. Ibíd.
[94] R. A. Van Middelyk, *The History of Puerto Rico* (San Juan, Puerto Rico: Fundación Puertorriqueña de las Humanidades, 2005), p. 143.
[95] "[Los tiburones] andan tanto e más mucho que la nao, quanto un hombre muy ligero correrá mas que un niño de tres años; y me paresce que es mucho mas, sin comparación, lo que tales pescados corren mas que las naos, por muy veleras que sean." Gonzalo Fernández de Oviedo y Valdés, *Historia General y Natural de las Indias, Islas y Tierra-Firme del Mar Oceánico* (Madrid, España: Real Academia de la Historia, 1851), vol. 1., cápt. 38, p. 227-8.
[96] Aída R. Caro Costas, *Antología de Lecturas de Historia de Puerto Rico, siglos XV-XVIII* (San Juan, Puerto Rico: Editorial Universitaria, 1977), p. 25.
[97] Alejandro Tapia y Rivera, *Biblioteca Histórica de Puerto Rico* (San Juan, Puerto Rico: Imprenta de Márquez, 1854), p. 81.

[98] Cayetano Coll y Toste, *Boletín Histórico de Puerto Rico*, Vols. 1-15 (San Juan, Puerto Rico: Tip. Cantero, Fernando & Co., 1914)., Vols. 3-4, p 109.
[99] "Y en los riesgos, o peligros de la vida, procura ser siempre cauto e ir con tiento…y no olvides cómo, por confiado, se te fue la pértiga de las manos." Ibíd., Vols. 9-10, p. 187.
[100] Durante el ataque de Cumberland, la hazaña de natación por John Borkley dejó a los testigos impresionados, "si las fuerzas le hubieran abandonado, seguramente se hubiera ahogado." Ibíd., vol. 5-6, p. 47.
[101] "Este movimiento extraordinario del mar es anuncio seguro de algún huracán, fenómeno el más horroroso que puede imaginarse." Fray Iñigo Abbad y Lasierra, *Historia Geográfica, Civil y Natural de la isla de San Juan Bautista de Puerto Rico* (San Juan, Puerto Rico: Imprenta y Librería de Acosta, 1866), Cap. 33. Nótese que Abbad y Lasierra destacaba la adopción de tradiciones indígenas por los criollos al sur de la isla.
[102] "Sepan que el Partido Autonomista, el partido liberal, sigue en pie y no le faltaran rumbos prácticos que seguir entre el oleaje turbulento de los odios que contra el se desencadenan…." Cruz Monclova, *Historia de Puerto Rico,* V. 3, Pt. 2, p. 171.
[103] Se ha documentado un hábil manejo marítimo por comunidades afrocaribeñas del periodo colonial. Kevin Dawson, *Undercurrents of Power: Aquatic Culture in the African Diaspora* (Philadelphia, PA: University of Pennsylvania, 2021).
[104] Ronald D. Arroyo, "Da Borinkees: The Puerto Rican of Hawaii", PhD thesis, Union Graduate School, 1977.
[105] Carmelo Rosario Natal, *Éxodo puertorriqueño: Las emigraciones al Caribe y Hawai, 1900-1915* (San Juan, Puerto Rico: Carmelo Rosario Natal, 1983); Carmen Teresa Whalen and Víctor Vázquez Hernández, eds., *The Puerto Rican Diaspora: Historical Perspectives* (Philadelphia, PA: Temple University Press, 2005).
[106] "Con la misma facilidad emprenden sus viajes de mar o tierra: con una canoa y un racimo de plátanos se pasan a cualquier isla que diste cuarenta o cincuenta leguas. Van por las islas desiertas: allí cogen marisco, encienden fuego, recogen agua y en viendo el mar en bonanza pasan a otra, hasta llegar a su destino." José Julián de Acosta y Calvo, ed., *Historia Geográfica, Civil y Natural de la Isla*

de San Juan Bautista de Puerto Rico de Iñigo Abbad y Lasierra (Madrid, España: Doce Calles, 2011), cápt 31.
[107] Ibíd., p. 497.
[108] Para los propósitos de este libro, combinaremos descripciones de los Caribes y los Taínos para identificar la cultura general del periodo.
[109] Su puntiagudo perfil también facilitaba el uso del remo como arma defensiva u ofensiva.
[110] Sebastián Robiou Lamarche, *La Navegación Indígena Antillana* (San Juan, Puerto Rico: Editorial Punta y Coma, 1993); Sebastián Robiou Lamarche, *Tainos and Caribs: The Aboriginal Cultures of the Antilles*, trans. Grace M. Robiou Ramírez de Arellano (San Juan, Puerto Rico: Editorial Punto y Coma, 2019).
[111] Irving Rouse, *The Taínos: Rise & Decline of the People who Greeted Columbus* (New Haven: Yale University Press, 1992).
[112] Richard T. Callaghan, "Ceramic Age Seafaring and Interaction Potential in the Antilles": A Computer Simulation" *Current Anthropology*,42, 2 (April 2001), pp. 308-313; Richard T. Callaghan, "Comments on the Mainland Origins of the Preceramic Cultures of the Greater Antilles" *Latin American Antiquity* 14,3 (2003), 323-338; Scott M. Fitzpatrick and Richard T. Callaghan, "Estimating trajectories of colonization to the Mariana Islands, western Pacific", *Antiquity* 87 (2003), 840-853 Richart T. Callaghan, "Patterns of Contact between the Islands of the Caribbean and the Surrounding Mainland as a Navigation Problem", en L. Antonio Curet and Mark W. Hauser, *Islands at the Crossroads: Migration, Seafaring, and Interaction in the Caribbean* (Tuscaloosa, AL: University of Alabama Press, 2011), 59-72; J. Charles Kelley and Carroll L. Riley, *Precolumbian Contact within Nuclear America* (Carbondale, Il: University Museum, Southern Illinois Univeristy. 1969).
[113] "Toda la gente que hasta hoy ha hallado diz que tiene grandísimo temor de los de Caniba o Canima. Y a esta cause le parece que aquellos indios que traía no suelen poblarse a la costa de la mar, por ser vecinos de esta tierra…" Cita de Colón. Ricardo E. Alegría, "Introducción: Las Primeras Noticias sobre los Indios Caribe", en Manuel Cárdenas Ruíz, ed., *Crónicas Francesas de los Indios Caribes* (San Juan, Puerto Rico: Editorial Universidad de Puerto Rico, 1981), p 1-98

[114] Los españoles señalaron que, debido a la alta taza de natalidad indígena (Taína), de no haber tenido esto los Taínos hubiesen sobrepoblado las islas—observación que pudo haber influenciado a Thomas R. Malthus y su *Essay on Population* (1798).
[115] Ricardo Alegría, ed., *Documentos Históricos de Puerto Rico*, vols. 1-5, San Juan, Puerto Rico: Instituto de Estudios Avanzados de Puerto Rico y el Caribe, 2009, vol. 1, p. 44.
[116] Ibíd, vol 4, p. 318.
[117] Ibíd.
[118] Alegría, *Primeras Noticias*, passim.
[119] Juan Antonio Llorente, ed., *Colección de las Obras del Venerable Obispo de Chiapa, Don Bartolomé de las Casas, defensor de las Libertad de los Americanos* (Paris, Casa de la Rosa, 1822), p. 167.

2 Caminando sobre el agua

Las tecnologías de la Segunda Guerra Mundial y el surfing moderno

Nobody can say that they did the
whole thing. There's just no way.
Nobody's got all the brains.
Nobody can think of all the aces.

-Wally Froseith[1]

La práctica del *surfing*, como lo conocemos en la actualidad, es el producto de la química moderna y la creación de '*composites*' usando fibra de vidrio o *fiberglass*.[2] Aunque el deporte sin cuestión alguna nace en Hawai durante la era arcaica en el Océano Pacífico, fueron las innovaciones tecnológicas y su hábil aplicación por nuevos campos científicos hechos en California y Australia luego de la Segunda Guerra Mundial que abrieron la puerta a enormes cambios en su práctica—lo que mejor se conoce como la revolución de la tabla corta, de menor peso y mayor maniobrabilidad.[3] Por definición, lo que le precedió fue la era de la 'tabla larga', que se asemejaban a enormes mesas de comer que casi milagrosamente se desplegaban por encima del agua en Waikiki.

En 1900, por ejemplo, las tablas eran hechas de madera sólida *redwood*, pesando unas 70 libras o más; las tablas de Duke Kahanamoku excedían 12 pies de largo y fácilmente superaban las 100 libras. A manera que su diseño fue cambiando, la tabla se fue agilizando, primero con el diseño de Tom Blake de 12 pies—un caparazón de madera vacío, seguido por el uso de balsa y luego por el poliuretano como su núcleo central. En el ínterin, su peso promedio disminuyó a 45 libras, 25 libras y 6 libras. Hoy se pueden encontrar tablas de menor peso aún, a poco más de 3 libras.[4]

Para entender el enorme impacto que este cambio tecnológico tuvo en la práctica del deporte, una comparación entre el tamaño y peso de las previas tablas de surfing de más de 9 pies, con las que surgieron para fines de la década de 1960 rondando menor que esto, es ilustrativo. La siguiente gráfica captura la importancia de estos cambios.

Gráfica 3: Beneficios comparativos de varias tablas de surfing[5]

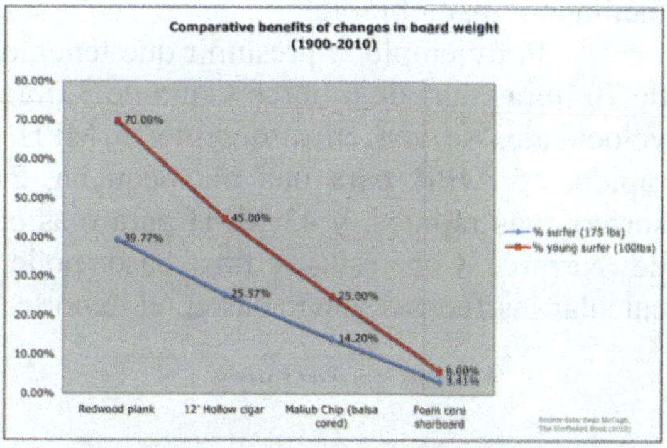

Aunque el peso relativo de la tabla disminuye para un deportista típico de 175 libras, lo más importante destacar es el enorme beneficio que le rinde a un principiante novato que podrá pesar 100 libras o menos. Mientras las primeras tablas más pesadas eran 40% del peso de un adulto, constituía casi el mismo peso (80%) para el novato participante—si no más, dependiendo de la tabla y el novato específico. Es la diferencia entre ambas cifras lo que constituye el cambio más impresionante de todo, y que claramente ayudó a acelerar la difusión del deporte a través del mundo.

El niño principiante de hoy carga la tabla y no a la inversa, como ocurría hace cien años atrás. El enorme peso de los viejos tablones elevaba la barrera de entrada al deporte por el simple requisito de sustantiva fortaleza física, al también limitar severamente los posibles lugares y playas donde se podría practicar el deporte.

El beneficio de este enorme cambio es significantivo, sin considerar todos los demás inventos como la cera, las quillas, el diseño aerodinámico o el cordón ("*leash*") que también ocurrieron en el interín. Para algunos, el uso del poliuretano constituye "*the single most important technological breakthrough in surfboard construction.*"[6]

Una tabla pesada en movimiento, por la ley de fuerza de Newton F=MA, va a ser difícilmente manipulada por un joven surfista cuyo peso podría ser menor que el de la misma tabla.[7] A manera que el peso de la tabla drásticamente disminuyó durante el siglo XX, ésta se pudo convertir literalmente en una extensión corporal del surfista al ser fácilmente maniobrable.

Por ejemplo, a presumir que tenemos tres tablas: una de 70 libras, una de 6 libras y otra de 3 libras. Las siguientes velocidades se ven en el deporte: 5 MPH para un nadador rápido, 15 MPH para una ola pequeña, 21 MPH para los surfers más rápidos, y 43 MPH para olas enormes como las de Nazaré. Con estas cifras base podemos brevemente calcular las fuerzas generadas en el deporte, sin considerar el peso del surfista.[8]

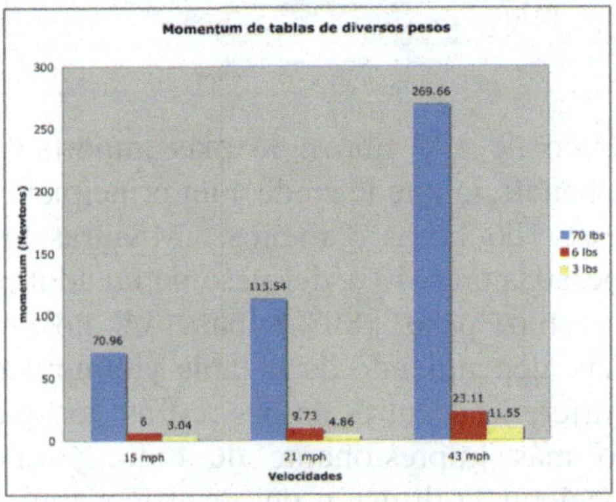

Gráfica 4: *Momentum* respectivo de tres tablas

Es claro que la tabla pesada se convierte en lo que podríamos denominar como un 'tren' para el surfista, cuyo *momentum* crece fuera de control para el novato. Aunque lo *newtons* (N) de todas las tablas crece en la misma proporción para todos los pesos, por un factor de 4 a su velocidad cúspide de 43 MPH, el comenzar con un mayor peso hace dificultoso la habilidad de virar para un surfista, restándole control sobre su uso.[9] Lo importante a destacar es el enorme cambio de *momentum* de la tabla pesada relativo al peso del surfer, particularmente cuando se compara con el cambio N de las tablas livianas.

Con el pasar de las décadas y la evolución tecnológica de la tabla de surfing, cada nueva generación de surfistas ha podido moverse más ágilmente a través del campo de energía que representa una ola de mar o un marullo. El cambio para la década de 1980 y 1990 permitió el surgimiento de maniobras radicales, como las increíbles movidas verticales de Andy Irons o los *aerials* de John John Florence, imposibles (o sumamente peligroso) de hacer con tablones de 70 libras. La relación de peso entre tabla y surfista fue invertida.

Cómo exactamente se suscitó este cambio tecnológico será el tema de este capítulo.

La victoria de los aliados, específicamente de Estados Unidos, durante la Segunda Guerra Mundial resultó en un banquete técnico valorizado en por lo menos $5 B.[10] Durante el siglo previo, Alemania se había convertido en el líder de la industria química, muy por encima de Estados Unidos. Industrias como el conglomerado IG Farben, el cual captaba más de la mitad de la producción química alemana, y otros sirvieron como la base de poder de Hitler, de tal manera que producían sintéticos basados en carbón (*coal*) que reemplazaban fuentes de materia prima que habían sido cortados por el bloqueo naval, tal como la gasolina sintética.[11] De no haberlo hecho, la Segunda Guerra Mundial hubiese durado una fracción de tiempo; que explica los ataques concertados hacia centros Nazi de manufactura química por los aliados.[12] La habilidad de producir estos sustitutos químicos ya se había manifestado medio siglo atrás, en 1908 cuando Fritz Haber descubrió una manera de sintetizar nitrógeno, tan esencial para la agricultura y los armamentos durante la previa guerra mundial.

Al ocupar una cuarta parte de Alemania, Estados Unidos ágilmente obtuvo miles de patentes que los alemanes habían almacenado en sus bóvedas científicas. No muy distante de la película "*The Monuments Men*" (2014) que narra la readquisición de importantes obras de arte occidental, el FIAT (*Field Intelligence Agency*) no pudo encontrar documentación en los conocidos centros de manufactura u organizaciones científicas como el *Kaiser*

Wilhelm Institute, ya que estaban escondidos en castillos y lugares inhóspitos e inesperados.[13] Al proceder entre dos líneas enemigas, fue milagroso que completaran su hazaña ubicados entre las fuerzas alemanas retrocediendo y las fuerzas rusas avanzando. Hacia el final de la guerra, Hitler había ordenado la destrucción de todo el conocimiento químico alemán—unas 176 toneladas de informes—orden, que sabiamente fue ignorada por sus oficiales, y recuperados por el FIAT.

Pero esta peligrosa búsqueda por miembros científicos de la FIAT[14] no operó ciegamente, sino que ya habían sido guiados por corporaciones químicas estadounidenses, quienes ya habían identificado a científicos y estudios que deseaban obtener.[15] Algunos definieron estos actos como el espionaje industrial más grande que ha ocurrido en la historia de la humanidad—por lo menos hasta aquel entonces (1945).[16] Tal fue el volumen del material científico obtenido, que el proceso convirtió el *Office of the Publication Board* y el *Office of Technical Services* en Estados Unidos en un masivo centro de distribución de ciencia alemana, disponible a todo el que solicitara dicha documentación. Los 28,000 informes que se preparaban todos los años recibían cientos de solicitudes semanalmente.[17]

Uno de estos descubrimientos había sido el poliuretano o "*polyurethane*". Este material milagroso había sido descubierto por Otto Bayer, como revelaron los *PB Reports* del ejército.[18] La mezcla de 2 grupos de alcoholes, isocyanates y polyols, creaban el uretano; luego, al ser mezclado con polyols como esthers y ureas, resultaba en las espumas de polymeros uretanos.[19]

El informe número 37 de 1945 describió las 5 diferentes maneras en el cual se producía el material.[20] Cada procedimiento de manufactura resultaba en sustancias con diferentes propiedades, cuya posibilidad comercial fue de gran interés en la industria química estadounidense. Desde cepillos duros hasta la firme lana, inicialmente su consistencia gelatinosa se presumió ser un rasgo nocivo al no resultar en plásticos duros; dos de las cinco metodologías fueron inicialmente descartadas por esta razón.[21]

El ejército intentó imponer el uso del material, sin explorar su nueva y radical funcionalidad. Puede que sea por esta razón el que su uso en el deporte tomó más de una década en arribar.[22] El primero en utilizar la nueva tecnología para el deporte de *surfing* no sería el genioso científico *amateur* Bob Simmons, sino David Sweet cinco años luego de su descubrimiento.[23]

Sin duda, en la década siguiente a la guerra, ya se diseñaba una tabla de surfing más liviana usando la balsa. Esta era relativamente dura, aún cuando tendía a absorber agua y a aumentar de peso dando a que se pudriese. Varias compañías ya habían estado vendiendo tablas hechas con balsa a gran escala antes de la guerra, como la *Pacific Home Systems* con su diseño y estilo distintivo.

No obstante, cuando surgió una inesperada reducción en los abastos de balsa proveniente de México y Centro América—causado también por el enorme crecimiento en la industria de aviación, la cual usaba la balsa en la construcción de aviones—David Sweet se dió cuenta de un potencial comercial con nuevos materiales sintéticos ya existentes. Sweet había estudiado ciencia en la Universidad de California del Sur, mientras que sus amigos trabajaban en la industria química. Estos en la Dow Chemical le alertaron de los nuevos y novedosos materiales sintéticos, experiencia semejante a la que tuvo Simmons en esos años.[24]

Sweet, quien en 1953 vivía en un sótano alquilado en Claremont (California), empezó a experimentar con varias composiciones químicas durante el año. Cientos de variaciones fueron intentadas para lograr el espesor y la consistencia deseada en una liviana tabla de surf. Construyó un molde con varillas de metal que contenían el poliuretano a manera que se iba formando en reacción química exotérmica. No obstante, en múltiples ocasiones, la presión y los olores tóxicos fueron de tal grado, que los agarres salieron volando como balas por la presión generada en el molde, que fácilmente pudo haber resultado en el primer accidente industrial del deporte. Actualmente no se permite ni la más simple elaboración industrial en áreas residenciales de Puerto Rico, como lo intentó Ramón Rosado Rodríguez en el 1999 en su apartamento de Bayamón para la "confección de tablas de surfing", el cual fue rápidamente clausurado por las autoridades.[25]

Sweet no fue, y ni sería el último en jugar con fuego químico. Tal le ocurrió también a Antonio Yordán, dueño de la famosa cadena *Playero*, en el centro industrial "La Cerámica" el 6 de julio del 2000, resultando en decenas de pleitos que tuvieron que ser consolidados para su hábil manejo jurídico. La reacción exotérmica produjo un fuego inesperado temprano en la madrugada, que quemó porciones sustanciales del local.[26]

Los mismos problemas le ocurrieron a Gordon Clark, cuya marca monopolizó un 90% de la producción del *polyurethane foam*, iniciada en 1961. Con trasfondo académico en la química, Clark y su inicial empleador (y luego compañero de negocio) Hoby Alter, habían sabiamente ubicado su centro de experimentación en el medio de un pastizal, lejos de cualquier estructura habitada, luego de que el garaje del padre de Alter inicialmente explotara en llamas cuando primero hicieron el intento con moldes de *plaster paris*.[27] No obstante, a pesar de años de incuestionable éxito en el mercado y una continua mejora de su producto, la amenaza de una investigación federal por la OSHA en California por contaminación química con TDI[28], Clark cesó inesperadamente su producción en 2005—causando un caos que repercutió a través de toda la industria mundialmente. Despidió súbitamente a toda su fuerza laboral y destruyó largas décadas de conocimiento técnico con la destrucción de incontables moldes de concreto.[29] La frustración, o el susto, fueron lo suficiente grande para un cambio radical de vida para el reconocido innovador.

Desconocemos el papel que pudo haber jugado los altos impuestos de la hacienda californiana en la violenta reacción de Clark, pero uno de los iconos del surfing estadounidense, Greg Noll, también parece haber reaccionado de semejante manera décadas antes. Luego de poco más de dos años de operaciones exitosas en la producción de tablas de surfing, entre 1969 y 1971, Noll cerró inesperadamente sus facilidades e inexplicablemente se mudó a Europa por largos años, justo cuando su negoció había ascendido rápidamente a su cúspide.[30] Sus dos facilidades cubrían más de 20,000 pies cuadrados; operaban de una manera no muy distintas al de la producción de la Ford T a principio de siglo.[31] Noll y su padre, quien como Clark también era un químico, lograron emborrachar a Clark cuando joven. En su estado de embriaguez, Clark muy casual y abiertamente reveló su receta secreta, sin darse cuenta de las implicaciones comerciales a su propio negocio—robos comunes en industrias con poca diferenciación técnica entre si.

Sin duda alguna, lo más difícil, pero igualmente de inestimable alto valor, en la industria del surfing moderno fue la creación de poliuretano, sobre lo cual la industrial multi-billonaria se ha sostenido por más de medio siglo. En 1992, habían 600 corporaciones manufacturando tablas de surfing, produciendo 85,000 tablas al año, que estaban empezando a ser dominadas por corporaciones en la China.[32] La industria para el 2002 generó $4 billones, impulsada mayormente por personas quienes nunca van a practicar el deporte como tal.[33] Muy pocas personas son sus beneficiados, en particular los competidores cuyas ganancias pueden ser de solo $25,000 por concurso—una fracción del ingreso de los baloncelistas o peloteros.[34]

En el 2010, el mercado de tablas de surfing mundial siguió creciendo, con $20 billones de tablas vendidas para 35 millones de surfistas en los siete continentes.[35] En Brasil, donde se estima haber 2.5 millones de surfers, una compañía fácilmente puede generar más de 2.4 millones de *reais* con solo 15 empleados.[36] En Tailandia, la Cobra Internacional tiene un centro de manufactura valorizado en $20M con 2,800 empleados, manufacturando 250,000 tablas al año.[37] Como Otto Bayer pudo haber dicho a mitad de siglo, la producción del poliuretano, como el deporte de surfing, no es un juego de niños.[38]

Aunque hoy la tabla larga, o *longboard* ha retomado popularidad, su huella de movimiento es muy diferente a las tablas de madera del pasado.[39]`

Pero, ¿qué es exactamente es el poliuretano?; ¿por qué es tan fundamental para el deporte del surfing?

La esponja de poliuretano, tal como la construcción de la fibra kevlar, es lo que se conoce como un '*polymer'* o polímero, que sirve de fundamento para toda la vida en la faz de la tierra. Es decir, está compuesto por una larga cadena de moléculas unidas (*monomers*), cuya complejidad es de tal grado que se había escapado al entendimiento de la química por varios siglos: los hidrocarburos complejos. Hasta el siglo XIX, las historia de la química es principalmente la historia de la química inorgánica—el estudio de metales, ácidos o gases; el cual es seguido por la química orgánica que específicamente estudia lo que podríamos denominar como la química de la vida.[40] La noción que moléculas orgánicas podían ser construidas en un laboratorio—tal como el color '*mauve*' (violeta) en 1856 por Harold Perkins en Inglaterra[41]—fue un momento trascendental para la historia de la ciencia y la tecnología, eclipsado poco después por el descubrimiento de la forma del anillo de benzina por Friederich August Kekule en 1865.

El control científico de los polímetros creció a tal grado, que durante la década de 1930, muchos de los materiales que hoy damos por sentado fueron inventados: el PVC, polyethylene, polystyrene, nylon, neopreme, butil y Buna-N. Estos vinieron a sustituir los imperfectibles semi-sintéticos del siglo XIX, creados sobre una base de material orgánico, como lo era el shellac, el ebonite, y el celuloide que nutrió la emergente multi-millonaria industria de cine—algunos de los cuales explotaban inesperadamente.[42] Tener una bola de billar de celuloide resultó ser una mala idea comercial; al explotar, hubo que descontinuar el producto.

Durante la guerra, las cosas al otro lado del charco (Océano Atlántico) en Alemania, no iban tan bien como uno podría suponer. Otto Bayer, quien podríamos denominar como padre anónimo de deporte del surfing, estaba tratando de conseguir apoyo para el estudio de poliuretanos en su corporación.[43] Bayer, sin relación de parentesco alguna con los fundadores de la Bayer Co., trabajaba dentro del cartel IG Farben, y sus propuestas eran vistas con un alto nivel de duda dentro de la corporación—patrón histórico que suele suceder con ideas tan innovadoras que al principio parecen estar demasiado distantes de lo comúnmente conocido.

Lejos de verlo inventando un producto comercial, la IG Farben le instruyó a Bayer que publicara en revistas académicas, lo cual hizo.[44] Cuando un general de las fuerzas armadas Nazi le preguntó a Bayer si había inventado una nueva sustancia, Bayer le respondió honestamente que no lo había hecho—pero que sí tenía una estructura interna innovadora que podía ser de beneficio a las fuerzas alemanas, pudiendo salvar de esta manera su investigación dentro del hostil ambiente de competencia interna en la fría y deshumana corporación.[45]

Entre 1937 y 1941, Bayer había descubierto que podía utilizar *napthalene diisocyanatate*, al igual que otros componentes que agilizaban el ritmo de reacción unas 500 veces y controlar las propiedades físicas del producto final, resultando en una mejor esponja: un líquido que se expandía mediante la consistente producción de burbujas de dióxido de carbono homogéneamente ubicadas a través de la sustancia, de forma romboidal, a manera que se secaba la resina.[46] Aunque siguió desarrollando su producto luego de estos años, terminando en 1955, el poliuretano de hecho fue de beneficio a las fuerzas alemanas durante la Segunda Guerra Mundial. Este sustituyó la madera balsa en la construcción de aviones, al tener un alto '*tensile strength*', hasta un 30 PSI[47] que a la misma vez era liviano: los mismos requisitos funcionales que todo surfer implícitamente exige de sus tablas de surfing.

Sin duda, el poliuretano es un material milagroso. Típicamente cosas livianas tienden a ser poco fuertes, de acuerdo con la física interna de cuerpos que Galileo estableció siglos atrás.[48] Mejor aún, cuando el poliuretano se une con la fibra de vidrio (*fiberglass*), resulta en un material *composite* de sorprendente dureza relativo a su peso, como todo surfer bien conoce por experiencia propia.[49]

La admiración a la invención fue de tal grado, que luego de la guerra la fuerza aérea de Estados Unidos contrató a Goodyear y a Lockheed en 1948 para producir la sustancia, utilizando los métodos de Bayer para la construcción de sus propias naves.[50] La producción del poliuretano fijo (inflexible) creció de 8,000 toneladas en 1955 a 2.25 millones de toneladas para 1974 mientras que la producción del poliuretano flexible, de exponencial uso en la creciente industria de automóviles, llegó a producirse en más de 100 millones de libras para 1960. El crecimiento del segundo estimuló al primero debido a la caída de precio de sus semejantes componentes, específicamente los *polyols*, generando economías de escala al nivel de materiales.[51]

Su abundancia y bajo costo permitió la explosiva expansión del surfing luego de la Segunda Guerra Mundial a todas partes del mundo, desde las más pobres como Brasil hasta los más inhóspitos como Alaska e Irlanda, aptamente capturado en el filme "*Step into Liquid*" (2003).[52]

Contrario a toda expectativa, el químico alemán Otto Bayer—un hombre obeso de poco contacto con la naturaleza y al cual le gustaba fumar cigarros—es uno de los "héroes olvidados" de la historia del surfing moderno.

El impacto que el poliuretano tuvo en el diseño de las tablas de surfing, y en el deporte de por sí, fue enorme. Cuando un pequeño cubo de 1 pulgada de poliuretano fue demostrado a Hobie Alter por un vendedor de productos industriales, que entonces solamente se utilizaba para decoraciones navideñas, Hobie le introdujo la uña al material, y notó que—en contraste con el polystyrene (o *styrofoam*), el material era suficientemente rígido para mantener su forma. Mejor aún, no se derretía en contacto con resinas como lo hacía el *styrofoam*. Ese mismo fin de semana, en una pequeña fiesta tomando cerveza con sus amigos, les reveló que estaban a punto de una revolución en el deporte.[53]

Para entender mejor lo que Hobie pudo hábilmente captar, como revelado en esta anécdota, tenemos que primero brevemente ver el diseño de las tablas que le precedían.

Donde sea que Duke Kahanamoku viajaba en el mundo, solía construir sus tablas con la madera que tenía disponible a la mano. En cierto sentido la mejor tabla será una específicamente hecha para el surfer que la va a utilizar, tomando en consideración sus proporciones, peso y uso del surfer que la solicita; como los zapatos, no todas las tablas deberían ser iguales entre sí. Aunque la tabla de Duke Kahanamoku a principios de siglo veinte no era una tabla típica del estilo hawaiano, pocos norteamericanos lo sabían. Debido al enorme tamaño de sus "*planks*", de 14 pies o más de largo y unas 115 libras de peso, tendían a confundirlo como originario de realeza hawaiana, cuando de hecho Duke pertenecía a una clase de súbdito de éstos.[54]

El aumento en la exportación de productos agrícolas estadounidenses y a la ciega eliminación de los árboles que constituían las maderas hawaianas tradicionales, con sus distintivos rasgos estructurales y aromáticos, dio a que las tablas hawaianas con el nuevo siglo americano tuvieran que ser construidas con maderas procedentes de California, los famosos *redwoods*.[55]

Tom Blake, quien trabajó en el *Bishop Museum* de Hawai durante los 1920s—un huérfano inspirado por su intercambio con Duke Kahanamoku cuando este brevemente visitó a Detroit, Michigan—observó en su análisis una enorme variación en el tamaño de las tablas autóctonas hawaianas. La tabla de Duke había sido confundida con las tablas *olo* de la realeza hawaiana, que podían medir hasta unos 25 pies.[56] Estas, de por sí, tenían un perfil convexo, y solamente podían ser utilizadas por la realeza en la playa de Waikiki—espacio que le era prohibido a los comuneros previo al cuasi-genocidio cultural impuesto por el pastor Hiram Bingham luego de 1823.

En el Hawai arcaico, el deporte servía como al exótico baile del pájaro de la glorieta (Australia) o la tribu Woodaabe (Niger): la identificación por la fémina de su futuro esposo basándose en su agilidad y fortaleza como surfer. Más extraño aún, el mejor surfer típicamente se convertía en rey del grupo; tanto Kameamea como su esposa eran excelentes practicantes del deporte.[57] Las tablas eran cubiertas por aceites de plantas hawaianas, enterradas en lodo y quemadas para sellar y preservar su importante y laboriosamente obtenida tecnología. Cada tabla de surfear para el hawaiano representaba una sustantiva inversión de tiempo y esfuerzo—en contraste con la tabla de surfing moderno, la cual se puede obtener fácilmente.[58]

La tabla más comúnmente utilizada en el Hawai arcaico era la *alaia*, entre unos 6 a 9 pies de largo, que se asemejaban más a un largo y plano pedazo de *plywood* que a las asimétricas curvaturas de una tabla de surfing contemporánea. Había tres maderas que se utilizaban en su construcción: el wiliwili (*Erythrina sandwicensis*), el panapen (*Artocarpus incisa*) o el koa (*Acacia koa*), que era una madera dura (*hardwood*) y la preferida de todos.[59] La *alaia* tenía una simetría lateral, el fondo y el tope eran regularmente intercambiables.

Es obvio decir que el diseño de las antiguas tablas hawaianas limitaba su uso a un delimitado número de playas y oleajes. Éstas fácilmente se volcarían en una ola grande al carecer de *rocker.* Los *olo* de la realeza solamente podían ser utilizados en una playa tan inusual como Waikiki, donde las pequeñas olas transcurrían calmadamente a través de largas distancias sin romper. Como suele ser el caso, aún hoy, la prohibición oligárquica se debía tanto al poder de la realeza como a sus inseguridades. Los hawaianos comunes de por sí estaban físicamente imposibilidades en utilizar sus tablas *alaia* para surfear el mejor lugar del mundo, Pipeline, debido a las realidades estructurales de sus tablas. La ola de Pipeline es una de enorme poder y fuerza, que deposita toda la energía del océano sobre un llano arrecife, dándole al tubo su forma de enorme verdosa catedral—a tal punto que impresionó a autores famosos del periodo como Samuel Clemens y Jack London.[60] No obstante, habían cientos de otras playas con olas que servían de deleite a la comunidad local.

La llegada del surfing a California a principios del siglo XX resultó con el pasar de las décadas en una intensa competencia de innovación tecnológica debido a su enorme crecimiento poblacional, la entrada de la ágil industria aeronáutica y por la cuantiosa cantidad de olas, nutridas por el Océano Pacifico con factores semejantes a los de Hawai.

Los problemas estructurales de las tablas tradicionales fueron identificados y emergieron soluciones tempranamente. Debido al ancho y espesor de la cola de las tablas tradicionales, estas no servían en olas mayores de 8 pies debido a la flotación de la misma; ante la velocidad y la presión, la tabla no se 'aguantaba' sobre el agua y tendía a resbalar como un carro con gomas lisas.[61] Algunos surfistas como John Kelley y Wally Froiseth le metieron un serrucho a la cola, logrando reducirla a sólo 5 pulgadas de ancho, creando así mayor resistencia con su "*hot curl*". Otros modelos incorporaban una 'V' en el fondo de la cola, lo cual permitió mayor agilidad en el oleaje. El *hot curl* permitió que el surfista pudiese entrar mejor a una ola de mayor tamaño luego de su despegue al poder 'hundir' la cola con el peso del pie en el agua—lo que abrió lugares previamente inhóspitos como Sunset Beach (Hawai) en 1938. Un buen contraejemplo de este efecto es el caso de las tablas de balsa, las cuales lograban mantener su flotación a pesar de tener menos volumen; el barniz de shellac, con las cuales eran creadás, también tendían a rajarse, lo que le rendían poca vida útil.[62]

He aquí donde el trabajo de Bob Simmons, héroe olvidado del surfing, fue tan revolucionario en no tan solo resolver muchos de los problemas de su época, sino que introdujo conceptos y tecnologías claves sobre el cual toda tabla moderna se fundamenta. Simmons hizo para el surfing lo que Newton realizó para la física en el temprano periodo moderno europeo; Peter Cole, surfer ilustre de la época, dijo que Simmons había hecho más para el deporte que cualquier otra persona.[63]

Influenciado por los estudios de Ira Abbott y Linsday Lord[64], Simmons realizó cambios al diseño de las tablas que fueron tan radicales—logrando un mínimo peso de 10 libras y una velocidad tan alta, que el mismo Simmons revirtió su diseño por considerarlos demasiados radicales. Meramente una reducción de peso a un 1/7 de su peso original ya de por sí era radical en esos años. Aislándose en la finca de su tío durante un periodo de concentración semejante al de Newton durante la epidemia de plaga bubónica en Cambridge, Simmons introdujo el fondo doble-cóncavo, el *rocker*, la doble quilla, y un perfil de borde semejante al de un ala de un avión. Desde entonces, la historia del surfing ha sido una nota al calce a su trabajo.[65]

Los beneficios de estas innovaciones son bastantes obvios para cualquier surfer contemporáneo. El fondo doble-cóncavo tiene un efecto "*lift*", o levantamiento como el de las alas de aviones, que permite a la tabla trasladarse con mayor rapidez a través de la faz de la ola. Esta idea vino directamente de Lord, quien aplicó el principio de Bernoulli a su diseño de botes; a manera que un líquido aumenta en velocidad, resultará en una reducción de presión.[66] Nótese que de usar un cóncavo solamente, la tabla se sentiría rápida, pero también tendrá un efecto de sensación de rigidez y de poca agilidad en poder cambiar súbitamente de dirección.[67] De semejante manera, las proporciones de la tabla tenían un sustantivo impacto en su hidronímica.[68] Cualquier surfer que tenga la experiencia de usar el diseño de doble cóncavo por primera vez, se sentirá que está redescubriendo el deporte. Esa es la enorme ventaja que rinde la aplicación de la ciencia a objetos de uso diario.

El *rocker*, o la curvatura durante el primer cuarto de la tabla, es tan importante para una tabla de surfing como la proa de un barco, refiriéndose por supuesto a la curva del perfil de fondo de la tabla, que primero entra en contacto con el agua. Aunque la velocidad de la tabla desacelera mientras más agudo es su ángulo, permite un mayor número de condiciones extremas de surfing al practicante—tal como el levantarse en una ola tardíamente durante un '*late take off*'.[69]

La doble quilla de Simmons, ahora superada por la triple quilla de Simón Anderson (1981), le da mayor flexibilidad a la tabla al reducir el '*drag*' de la tabla producido por la quilla principal. El diseño fue popularizado por Mark Richards para la década de 1980, conocido por su apodo "Gaviota" debido a su distintiva posición de piernas pati-largas.

Finalmente, el lado o la orilla de una tabla es de enorme importancia, debido a que es sobre este borde que la tabla sostendrá su posición en la ola (junto a las quillas) al caer velozmente por la ola.[70] Bordes finitos tienen mejor 'agarre', mientras que bordes anchos y rectangulares, como la cola, tienen mayor flotación y por ende son mas 'sueltos' en el agua durante velocidades lentas de traslación en olas pequeñas.

Como ocurre con todas las formas biológicas, no existe una 'tabla perfecta'. Toda tabla "idónea" se constituirá de un balance de dinámicas para lograr un fin deseado; cada condición de oleaje tendrá su tabla particular, ninguna de las cuales serán iguales debido a la diversidad de variantes. Como ocurre en la economía política de un gobierno, mejorar un aspecto de la tabla influyen en otros aspectos; velocidad y estabilidad, por ejemplo, viene al costo de la maniobrabilidad.[71] Es el balance adecuado de todas estas facetas que rinden el calibre a una tabla, dependiendo de las circunstancias bajo el cual es usada—en las cuales también están en consideración el peso y altura del surfista, como lo fue el caso de Bob Simmons.

Debido a que Simmons solía viajar a través de toda la costa de California en un '*station wagon*' buscando la mejor ola con mapas batimétricos, se convirtió en el primer '*hippie*' surfer. Este amplio intercambio con los surfers de California y la muestra concreta de los beneficios de sus tablas innovadoras, dieron a que estuviesen en alta demanda. Otro factor que le ayudó a adquirir fama en su comunidad local fue la reducida competencia condicionada por la Segunda Guerra Mundial. Lamentablemente, debido a que Simmons construía todas sus tablas a mano, el tiempo de espera en recibir un modelo podía fácilmente extenderse a varios largos meses. Cuando Greg Noll y Dale Velsy, frustrados al no recibir sus tablas, lo fueron a ver para reclamar sus nuevos juguetes, éste no contestó ni abrió la puerta. Al entrar, lo encontraron en una esquina oscura de su pequeña fábrica comiendo unas habichuelas en lata con un pedazo de madera residuo.[72] Ambos decidieron empezar a construír sus tablas luego del incidente.

Con su propia práctica y ejemplo, Simmons públicamente argumentó por la entrada de la ciencia en el diseño de las tablas de surfing, reclamando un tipo de ilustración sobre la manera de pensar el deporte basado en la razón y en el análisis crítico-matemático. No deberíamos basarnos ciegamente en la tradición, como el corte cuadrado a los lados de las tradicionales tablas hawaianas, sino en el análisis riguroso para producir tablas con nuevas propiedades físicas que jamás previamente habían existido—actitud y perspectiva que revolucionaría la interacción del surfista con la ola.

Una serie de fotos tomadas del inventor surfeando nos proveen una indicación de cuán rápidamente logró trasladarse con sus nuevas tablas. Su principal ambición de velocidad se debe a un accidente de bicicleta en 1939, el cual lo había dejado con el codo fijo en 90 grados, limitando su capacidad de nadar en el agua.[73]

Tenemos que enfatizar, una vez más, que el diseño de todas las tablas contemporáneas ha estado influenciado, de una manera u otra, por las contribuciones de Simmons.

Aunque Simmons trabajó para la Douglas Aircraft, sus inicios científicos surgen con sus estudios universitarios en Cal Tech, de donde también salieron otros innovadores del deporte. Participó en el laboratorio Pum Lab de Robert Knapp, el cual había recibido fondos por la OSRD[74] para mejorar los torpedos y otras tecnologías de guerra mediante avances en la hidrodinámica, oficina la cual era líder mundial en esos tiempos. Estos estudios se enfocaban en cálculos teóricos de cuerpos moviéndose por agua, incluyendo efectos de capa límite y coeficientes de arrastre y sustentación.

Como si fuese una biblia, Simmons solía usar de referencia el estudio de Lord, originalmente hecho para agilizar la velocidad de los *PT boats*. Para Lord, el perfil del objeto era crítico para alcanzar la cúspide de eficiencia de transporte; la forma de sus tablitas de análisis experimental se asemejaba a las tablas de surfing y sugestivamente explica porque se hubiese adoptado inicialmente. Simmons típicamente trabajaba durante la noche y le dedicaba el día al estudio o al surfing, patrón que continuaría por el resto de su vida; era lo que se conoce en inglés como un '*night owl*'—uno que esta despierto hasta altas horas de la noche.

Al salir del hospital en 1939, Simmons consigue un '*kit*' de Tom Blake, quien en 1931 había patentizado su diseño—un caparazón de madera logrando una tabla hueca—el cual se estaba vendiendo exitosamente a través de Estados Unidos.[75] Pero, Simmons no estuvo satisfecho con el tablón final, debido a que era principalmente un '*paddleboard*' diseñado para remar largas distancias—como exitosamente lo hizo Blake en varias competencias—en vez de ágilmente correr una ola. Aunque era una mejora a los enormes tablones de principios de siglo, a Simmons no le cabía duda de que podía ser mejorado sustantivamente. Las tablas de balsa que rivalizaban las de Blake, al pesar entre 30 y 40 libras, típicamente eran solamente cubiertas por un barniz de shellac, que cuando se rajaban al tocar el piso permitía que el agua entrase—adquiriendo una enorme cantidad de peso.

Al finalizar la guerra, Simmons trabajó para Gard Chapin, uno de los primeros en vender tablas para el pequeño-pero-rápidamente creciente núcleo de surfistas, que 20 años antes se estimaba haber estado constituido de solamente 125 personas en todo California. Chapin, curiosamente, fue padrastro y mentor de Mickey Dora—el surfer que siempre se estuvo metiendo en líos al continuamente estar batallando las autoridades del estado de California.[76] Lo que antes habían sido playas desérticas, dando la sensación distintiva de estar en el medio de la naturaleza virgen —como antes lo eran las dunas de Jobos (Isabela)—se estaban convirtiéndose cada año en espacios de entretenimiento comodificado. Chapin activamente lideró la reacción a esta expansión estatal—actitud rebelde que probablemente influyó la perspectiva del fogoso Dora al igual que la del joven innovador.[77]

Luego de su casi-inevitable pelea con Chapin en 1949, Simmons decidió irse por cuenta propia en la manufactura de tablas, diseñando lo que ahora se conoce como el clásico "*Simmons spoon*". Conociendo de las innovaciones de materiales y compuestos químicos, Simmons incorporó estos en sus nuevas tablas.

Aunque los materiales habían estado disponibles antes de la guerra, la guerra misma también estimuló su drástica expansión, tal como las resinas *polyol* (polyester) de la Dupont, inventada en 1936, década de revolución química. Inicialmente, Simmons utilizó la resina Bakelite y la fibra de vidrio de Owens-Corning para reforzar la naríz de la tabla, pero luego fue más agresivo en su uso y cubrió toda la tabla con la malla de cristal—cosa que contradice el sentido común a *prima facie*; los cristales como todos sabemos son delicados.[78] Mientras que los primeros surfistas habían taladrado agujeros en sus tablas de madera, rellenando estos con resina para hacerlas más livianas, Simmons estableció un diseño más sofisticado de "sándwich", usando *styrofoam* (polystyrene) como su núcleo, que era rodeado por maderas finas en sus extremos para proteger que el styrofoam no se derritiera en contacto con la resina y bordes periféricos hechos de balsa para mejorar su rigidez.[79] Aunque no fue un modelo final, sus tablas establecieron ejemplares a seguir por el resto de los amateurs manufactureros.

Trágicamente, Simmons muere a los 35 años en 1954 luego de un accidente en Windesa.[80] Al considerar sus cuantiosas contribuciones en sus pocos años de vida, nos tenemos que preguntar cuantas innovaciones adicionales hubiese introducido al deporte de haber sobrevivido el accidente marítimo. Sin duda, sus diseños siguieron siendo elaborados por otros, tales como Joe Quigg y Matt Kivlin quienes habían trabajado con Simmons.

Casi como un chiste, estos diseñaron la tabla "*Malibu chip*", originalmente para la fémina Darrilyn Zanuck, la entonces novia de su amigo, Tommy Zahn. A Zahn le gustó tanto la tabla, al ser "solamente" de 9 pies con un peso de 25 libras, que continuamente tomaba "prestada" la tabla. La pobre novia raramente tuvo oportunidad de aprender, en contraste con el famoso personaje de la película "*Gidget*" (1959).[81] El *Malibu chip* era entonces considerada como una tabla corta "para mujeres"—pero que también ayudó a iniciar una revolución en el deporte al ser fácilmente maniobrada sobre la faz de la ola. Los primeros '*cutbacks*' fueron hechos por Les Williams con estas tablas, cuyo color y figura las hacían parecer a unas papitas fritas, y por ende su nombre particular. La 'carrera' hacia abajo[82], reduciendo el peso y tamaño de la tabla, fue formalmente lanzada en esos años.

El caso de Simmons nos da una indicación sobre la enorme importancia que California tuvo en el desarrollo de la tecnología del surfing, que benefició muchas más áreas de lo que el lector podrá imaginarse, entre estas la fibra de vidrio y la cera de tabla, tan necesario ingrediente sin el cual ningún surfer podría practicar su deporte.

Aunque la ventaja inicial obtenida por el robo de propiedad intelectual por Greg Noll a Gordon Clark dio un beneficio inicial, quien terminó logrando un contundente éxito comercial fue Clark al poder producir un poliuretano de mucho mayor densidad y calidad, en 320 kg/m3.[83] Esto fue logrado al poder producir las más pequeñas y homogéneas células posible a través de toda la masa del material.[84] Su compra de la porción del negocio de Alter, resultó ser una buena decisión para el y la industria en general.[85] (Como demuestra los primeros años de Gordon & Smith, el modelo comercial vario muchísimo en los primeros años.[86]) Podemos contrastarlo con la madera balsa, con una densidad de 128km/m^3, casi un tercio (2.5X) del producto de Clark.[87] Semejantemente, el polystyreme, un rival del poliuretano que en los 1970 se usaba para general tablas de surfing para niños, solamente tiene una densidad de 32 km/m^3.[88] Debido que el styrofoam se prepara al expandir el particulado entre sí, le daba la característica fragilidad que todos hemos visto en las neveritas de playa que fácilmente se descomponen en una "nieve" de plástico blanco.[89]

A pesar de la mejora, las tablas más fuertes y livianas se hacen con fibra de vidrio unida al poliuretano con una resina, lo que se conoce como un *composite*, o *figerglass reinforced plastic* (FRP), producto tanto de la Segunda Guerra Mundial como las innovaciones en California.[90] Esta composición '*sandwich*' unía los beneficios de cada material, sin que perdiera sus propiedades distintivas—fenómeno que había sido sugerido por Leonardo Da Vinci para mejorar las propiedades estructurales de sus fortines.[91] A manera que se incrementa el ancho del *composite* 2 o 4 veces—lo que define la proporción idónea entre tejido y relleno—aumenta en fortaleza 9 veces y 37 veces en tiesura,[92] solamente aumentado de peso entre 1.03 y 1.06 por unidad.[93] Mientras que mantiene su flotación per el principio de Arquímedes, también retiene su '*modulus*' o tiesura durante esa importante interacción entre el fondo de la tabla y la superficie del agua.

El uso del FRP, que actualmente forma el diseño de casi toda tabla de surfing, independientemente de los materiales que se utilicen, es el producto de la necesidad de usar un nuevo caparazón o *radome* para esa milagrosa tecnología llamada radar, que hoy es tan diariamente necesaria para identificar la ubicación exacta de los aviones en el aire en los aeropuertos.

Foto 2: Uso de radar en Base Ramey[94]

La Fuerza Aérea necesitaba un material con una alta resistencia a enormes cambios de temperatura y presión, sin que se deformara, mientras que también permitía poderosas ondas electromagnéticas pasar perfectamente sin interferencia—algo que no era posible con el aluminio, con rasgos estructurales semejantes al ser fuertes pero livianos. El gobierno federal le dedicó una sustantiva porción de fondos para su investigación entre 1940 y el 1941. Ya para 1943 se había avanzado lo suficiente que se experimentó al reemplazar la balsa en el fuselaje del BT-15, resultando en una estructura 50% más fuerte que la previa (inclusive las de metales), mientras que era 33% mas liviana.[95]

Tal fue el éxito, que el FRP se convirtió en parte estructural de aviones luego de la Segunda Guerra Mundial, tal como el C-54ª de la Douglas Aircraft Co. en 1948. Para

1960, los aviones 727 de la Boeing tenían 5,000 libras de RFP, y poco después la industria y el gobierno empezaron a experimentar el uso del material en aviones supersónicos.[96] Previo a esto, en 1953 la General Motors también decidió utilizar FRP para el caparazón del diseño de su nuevo carro, el Corvette--el favorito de Aniro—que logró estimular la demanda del material con su liviano peso y rápida aceleración. Si para 1960 la producción de fiberglass había crecido en 400 millones de libras, una década después se producía 1 billón de libras, valorizadas en igual valor ($1B).[97] Sin el bajo costo y flexibilidad del fiberglass, industrias enteras no existirían o simplemente los precios de muchos productos excederían los actuales por varios ordenes de magnitud.

Cuando miramos al desarrollo de la cera para tablas de surfing y semejantes productos tan necesarios para no resbalarse sobre su superficie, podemos observar cuan importante fue el papel de los químicos, al igual que las relaciones de amistad y confianza dentro de un elevado ambiente técnico en California del Sur para el desarrollo del deporte. Para repetir, sin algún tipo de medio que genere la adecuada fricción entre el pie del surfista y la tabla, el deporte como se practica hoy simplemente no podría existir.[98] La cera es un componente indispensable pero que, como el poliuretano y la fibra de vidrio, añade un ínfimo peso final al instrumento principal del deporte; no podemos evaluar su importancia midiendo su peso.

La primera cera de surfing fue la parafina, originalmente usada para los pisos de casa de madera. Alfred Gallant Jr. alega que lo descubrió al notar que no se resbalaba luego de que su madre lo aplicara. No obstante, el problema con la parafina, que luego se llamó *Parowax*, era que perdía sus propiedades físicas luego de un extendido periodo de uso; peor aún, venía en bloques grandes, no agradables, con olor a petróleo.

La cera moderna de surfing es el invento de unos amigos, todos los cuales en un punto habían sido auspiciados en el deporte por Don Hansen.[99] Mike Doyle, Rusty Miller, Fred Ryan y Garth Murphy pusieron $2,500 cada uno para crear la *Surf Research Co.* Aunque Murphy era un químico por educación, fue Doyle quien en 1967 notó que al mezclar aceite de carro Penzoil 30 con la parafina, lograba obtener un ingrediente con las propiedades físicas deseadas; no sería su única innovación.[100] Todas las ceras de la *Surf Research Co* originalmente eran color violeta, al ser el único colorante que tenían disponible. Aunque cobraban más por menor cantidad que la parafina, fue un producto hecho específicamente para el surfista y humorísticamente anunciado en las tempranas revistas del deporte por Doyle mismo.[101] Otros, como el Knorr Candle Shop, trataron de crear ceras para el deporte con cera de abeja, pero su bajo punto de derretimiento, al igual que su extraño olor, no resultó en un producto comercial viable.

Lo interesante del desarrollo de la cera es cuan predominante fue el papel de los químicos. Irónicamente, aunque muchos dueños de compañías de cera como la Mrs. Palmers o Zoggs celosamente guardaban las 'recetas' de estas como si fuesen secretos de estado, simples análisis químicos de cualquiera de ellas podían rápidamente revelar los compuestos utilizados para su elaboración, así como sus proporciones. Cuando Rusty Miller se mudó a Australia, debido a su vergüenza nacional por la Guerra de Vietnam, se unió a Hilton Murphy, un químico, comenzando su empresa *down under*.

Al saber que la *Surf Research Co.* iba a cerrar, Frederick C. Herzog también se aprovechó de la inesperada apertura. Herzog se unió con el químico Nate Skinner para producir su famosa elaboración de la hoy famosa y popular marca "Sex Wax", cuya fórmula no ha sido modificada desde 1972. Empresas que invertían más dinero en anuncios en vez de investigación, como la BubbleGum Wax, se fueron rápidamente en bancarrota; la cera era tan común y necesaria, que su mercadeo abonó nada al ingreso neto o a la reputación de la compañía. Los hábiles compradores inmediatamente podían detectar la calidad del producto, sin que un anuncio engañoso le dijera.

Otros productos también tuvieron fuertes vínculos con el ámbito científico. Tom Morey, ahora mejor conocido por su 'boogie boards', el cual fue asistido por Doyle y Tom Ferguson en su diseño en forma tabla, trabajaba para la Douglas Aircraft cuando empezó a vender su *SlipCheck* en 1965. Al estimular competencias de surfing para vender sus propias tablas, se le hacía muy difícil identificar el posicionamiento de los pies sobre las tablas largas. Debido a que su tienda estaba ubicada cerca de un centro de manufactura de pintura amarilla para carreteras de asfalto—la misma pintura amarilla que se usan para identificar los diferentes carriles—Morey lo convirtió en su famoso producto, vendiéndolo en latas de aerosol con un diferente color para que los compradores no se dieran cuenta del común origen del producto. Para 1960, vendió más de 100,000 unidades al año. La química en el surfing sigue siendo un misterio para muchos.

Otro producto que ganó popularidad en esos años fue el *WaxxOn/WaxxOff* de Randy Dowler. Tanto Dowler como su padre y abuelo eran químicos por entrenamiento académico. Su padre, quien trabajaba para el Jet Propulsion Laboratory de la NASA estaba puliendo unos vidrios en su casa, cuando Randy se dio cuenta de las importantes propiedades del compuesto utilizado podían ser trasladadas a su deporte favorito: una cera impregnada con carborundum.[102] Su producto inspiró al libretista de "*Karatie Kid*", quien también era un surfer californiano. La popularidad del famoso refrán en el filme elevo las ventas del producto, también adoptado por Tom Curren quien notó que el producto no se derretía como las ceras tradicionales.

No cabe duda de que el sur de California fue un lugar donde muchos emprendedores podían aprender de si mismo, compartiendo información y conocimientos, e innovar en la tecnología del deporte del surfing, radicalmente transformándolo a lo que es hoy. En comparación con las típicas dinámicas comerciales que se dan en Puerto Rico, donde competidores ven su éxito al costo de la pérdida de su rival—fenómeno clásico suma-cero de una economía con corporaciones de carácter rentista como también se dan en Méjico—en California, lo que ocurrió fue una serie de relaciones virtuosas, donde la existencia de rivalidades productivas elevaba la economía de todos los botes aledaños. Sin duda, 'robos intelectuales' ocurrían.[103] Pero la mayoría de las relaciones que se daban eran positivas e innovadoras en su carácter general, en parte debido a un mercado de rápida expansión quienes muchos han atribuido a la popularidad de la película "*Gidget*" (1959), la cual discutiremos más adelante.[104] Esta sobre concentración a su vez parece haber estimulado el desplazo geográfico de sus miembros a Puerto Rico que, a pesar de es una isla sobrepoblada, se caracterizó por oleajes vacíos como vimos previamente.

La pregunta a contestar, por lo tanto, es por qué California se convirtió en el núcleo de la innovación en la tecnología del surfing, en vez de estados en la costa este de Estados Unidos como Nueva York, Carolina del Norte o Florida donde el *Surf Research Co.* exportaba la mayoría de sus ceras.[105] Esta dinámica no fue muy diferente a lo ocurrido con la industria de los microchips y las computadoras de la misma región geográfica (*Southern California*) que generaró el milagroso mundo digital contemporáneo.

La contestación también incluirá el crecimiento a escala descrito por el físico Geoffrey West en su estudio de innovaciones urbanas.[106] La sugerencia de que el éxito de la región se debió a las políticas públicas del estado de California o a un hábil sistema de educación es formalmente incorrecto debido a que estos factores no precedieron el éxito comercial de empresas como la Douglas Aircraft y Lockheed sino que la sucedieron.[107] Sin duda, no obstante, las políticas publicas del estado abonaron al establecimiento de dinámicas científico-economías positivas en California, nutriendo su desarrollo inicial más lejos de los recursos originales.

La industria de innovación de Los Ángeles tuvo sus comienzos con la Douglas Aircraft (Santa Mónica) y la Lockheed (Burbank). En 1933, Lockheed diseña el L-10 Electra y dos años mas tarde Douglas el DC-3. Para el 1937, el DC-3 dominó la mayoría de las órdenes de la nueva industria de aviación, con un 87% del mercado.[108] Debido a que la producción de aviones no podía ser concentrada bajo una sola planta, ante la sofisticación de su constantemente-cambiante tecnología, se desarrolló una amplia red de sub-contratistas que suplían partes particulares para su elaboración final. Junto con la construcción de una carretera inter-estatal que unía el norte y el sur del estado en un corredor de 230 millas, el desarrollo comercial de California fue vertiginoso—éxito que se aceleró cuando California se convirtió en uno de los principales suplidores del gobierno federal.

A principio de los 1930 Nueva York y Michigan contaban con una gran en la cantidad de contratos federales; la mayoría de los motores de avión para el gobierno eran producidos en el estado de la gran manzana. Pero al estallar la guerra, las empresas de California obtuvieron enormes contratos militares, 71% de todos en 1960, y el número de científicos que se mudó al estado aceleró vertiginosamente. De los 15,000 empleados para la Douglas, 1,000 de ellos fueron científicos de calibre mundial.

Para 1953 la inversión geográfica había finalizado. California se convirtió en el primer centro de manufactura de la aviación estadounidense. El generoso préstamo realizado por Harry Chalder, dueño de la *LA Times* a la Douglas Co. en 1920 por $15,000 no tan solo sirvió como semilla de la compañía, sino también como semilla principal del motor económico del estado y fuente principal de las innovaciones tecnológicas del cual todos nos beneficiamos hoy: Silicon Valley.

Tal fue el ambiente de innovación que llegó a dominar California, que sirvió como inspiración para personas no-educadas como Mike Doyle, enormemente influido por la mentalidad, actitudes y cultura que le rodeaba.[109] En contraste con la semi-autobiografía de Fred Hemmings, *The Soul of Surfing*, la autobiografía *Morning Glass* de Doyle vívidamente captura todos los vaivenes que hicieron el ambiente de California tan especial para sus residentes en aquellos años.[110]

Al igual que Hemmings, Doyle vino de una familia católica humilde; tanto su padre como su madre eran trabajadores de cuello azul. El matrimonio duró solamente 2 años, dando a que la madre se mudara con su abuela en un hogar con 20 personas, y obteniendo un trabajo con la Northrop Co., una compañía manufacturera de aviones.

Cuando Doyle era niño se topó con el libro *California Surfriders* de Doc Ball en la biblioteca pública. Las vividas imágenes del surfing en el libro capturaron la imaginación del joven lector. Luego de que el volumen fuese robado, la madre se comunicó con el autor, quien amablemente le envió una copia autografiada—un significante regalo para un joven impresionado, el cual mantuvo por el resto de su vida.

Su primera tabla, una 9'6" de Velsy, fue especial en parte porque Velsy le indicó que Malibu se ponía perfecto durante el verano, con olas de 6 pies; al llegar a la playa, estuvo estupefacto. Su ascenso en el mundo del surfing durante la década de 1960 posibilitó al joven con el ingreso y la oportunidad de viajar a través del mundo—incluyendo a Puerto Rico. Aquí compitió junto a Hemmings en el *World Surfing Championship* de 1968, ganado por "*dead ahead*" Hemmings en una victoria que fue cuestionada por algunos en el evento.[111]

Las innovaciones de Doyle fueron múltiples, a pesar de sus limitaciones de trasfondo educacional; trágicamente, fueron estas mismas limitaciones que dieron a que no se beneficiara ampliamente de su increíble creatividad intelectual. Empezó a 'jogear' cuando no era una reconocida actividad física, a tal punto que un día mientras corría fue parado en la calle por un policía para preguntarle que hacía. Con hambre, mezcló pasas, frutas secas, manís y avena, el cual vendía al publico general—lo que hoy llamamos *granola*. Doyle había colaborado con Morey, quien de por si inventó la primera quilla moldeada de polyprolyleno y un sistema de montura de quillas, que ahora dominan la gran mayoría de tablas vendías en el mercado. Morey le había preguntado si quería invertir en su compañía, oportunidad que Doyle no-muy-sabiamente denegó.[112]

Lamentablemente, sus experiencias de relación económica con corporaciones fueron por lo general experiencias poco placenteras para Doyle. En estas dominaba la avaricia financiera, que estaba más que dispuesta a sacrificar la calidad de su producto—y el bienestar del consumidor—para su propio beneficio financiero a corto plazo.

Cuando Doyle vendió su línea de trajes de baños de nylon a la Catalina Surfwear, estos degradaron la calidad a tal punto que durante una demostración en Galveston (Texas) se le rajó el *baggie* en la mitad a Doyle en frente de las cámaras de la televisión nacional.[113] Luego ver el doloroso retiro de su amigo a Australia con el cual había formado *Surf Research*, Doyle se mudó a Montana donde empezó a esquiar. Aunque sintió el deporte muy natural, sabía que podía mejorarlo.

Construyó un prototipo que hoy se conoce como el *snowboard*: un tipo de tabla de surfing para la nieve.[114] Trágicamente, disfrutó demasiado su invento, con el cual ensayó en populares destinos de esquí en EU—dando a que apareciera fotografiado en la portada de varias revistas, las cuales difundieron la idea antes de que Doyle pudiera radicar una patente como su inventor original.[115] Luego, cuando trató de lanzar el producto al mercado junto con Bill Banhe, un amigo que había prometido resultados usando maquinaria alemana, Doyle perdió todo su dinero ante la incompetencia del primero.[116] Banhe reclamó que el negocio había resultado en perdidas insostenibles, dando que violentara su contrato antes de que un solo *snowboard* fuese producido luego de la cuantiosa inversión personal hecha por Doyle.

En conclusión, tenemos que destacar una vez más la enorme diferencia entre las dinámicas sociales que existieron entre California y Puerto Rico.

Los californianos rápidamente adoptaron la cultura de mar de los hawaianos, teniendo relaciones positivas hacia el océano a pesar de la objetiva existencia de criaturas del mar mucho más peligrosas que las del Caribe, tal como los tiburones blancos.[117] A manera que surgieron nuevos materiales utilizados en otros contextos, en su mayoría para propósitos militares, estos materiales fueron gradualmente incorporados al deporte del surfing luego de la Segunda Guerra Mundial, revolucionándolo en el camino. Mientras que los pesados materiales cotidianos de los europeos coloniales tendían a caer como plomo en el agua, dando a un sinnúmero de ahogamientos, los livianos materiales sintéticos del siglo XX permitieron que los californianos caminasen sobre el agua que tanto deleitaban.

El resultado fue un *composite* hecho de poliuretano y fiberglass que permitió el surgimiento de estos cambios radicales en su diseño, como los de Bob Simmons, fundamentales hoy para toda tabla de surfing. Semejantes cambios habían ocurrido en la industria de la aviación, y sirvieron de modelo para el deporte. La cultura de ciencia e innovación que permeó en California durante la primera mitad del siglo veinte fue de tal grado, que influyó a quienes estuvieron expuestos a ella como Mike Doyle, a pesar de su bajo nivel académico. Los químicos a través de todo el proceso tomaron un papel fundamental en este desarrollo, y no serían los únicos científicos que impactaron el deporte. Por contraste, en Puerto Rico el miedo al agua fue un factor adicional que cohibió el desarrollo de la ciencia durante la mayoría del periodo colonial, junto a la carencia de científicos y su mayor intersección con las necesidades vigentes puertorriqueñas.

Es importante destacar que mientras en el Pacífico arcaico se daban relaciones de comercio entre los diferentes grupos sociales[118], que estimuló sus impresionantes artes de navegación[119] al igual que el diseño y tecnología de sus botes[120], en el Caribe las relaciones de grupo entre sí fueron caracterizadas por violencia y un continuo estado de temor, como vimos en el capitulo previo. Estas precedentes culturas arcaicas en sus respectivas zonas marítimas de por sí influyeron enormemente la cultura de los europeos respectivos que llegaron a sus costas. Mientras que el criollo hispánico en Puerto Rico terminaría asentándose distante de la costa, desarrollando principalmente una cultura 'jíbara' de la montaña[121], una cultura de playa se desarrollaría firmemente en California—a tal punto que se convertiría en un cliché global, como presentado en "*Fast Times at Ridgemont High*" (1982). Mientras que el Juan Bobo *puertorricensis* vivía en la montaña, el Juan Bobo *californiensis* era una criatura del mar.

Cómo eventualmente se difundió la cultura del surfing hawaiano-californiano a Puerto Rico será el tema del próximo capítulo.

Notas

[1] Nat Young, *The History of Surfing* (Salt Lake City, Utah: Gibby Smith Publisher, 1983), p. 60.
[2] Hoy la industria de construcción esta aprendiendo que el uso de *fiberglass* en la creación del concreto resulta en un bloque entre 2-3 veces más fuerte.
[3] "*Short board revolution*" en inglés.
[4] Aunque este patrón sigue disminuyendo, debido a la popularidad del epoxy como núcleo, no vamos a cubrir el periodo mas reciente por meramente seguir el mismo patrón ya previamente establecido.
[5] Las cifras específicas sobre cambios en masa de tablas, relativo a un típico practicante son las siguiente:

Construction type	Era	Mass (lbs)	*% surfer (175 lbs)*	*young surfer*
Redwood plank	Early 1900	70	*39.77%*	*70.00%*
12' Hollow cigar	1929	45	*25.57%*	*45.00%*
Maliub Chip (balsa cored)	1945	25	*14.20%*	*25.00%*
Foam core shorboard	Today	6	*3.41%*	*6.00%*

Data basada de McCagh. Sean McCagh, *The Surfboard Book: How Design Drives Performance* (Middletown, DE: McCagh O'Neil Pty Ltd, 2013).
[6] Matt Warshaw, *The Encyclopedia of Surfing* (New York. NY: Harvest Books Inc., 2005), p. 469. Fenómeno parecido ocurrió con el *skateboarding*; las primeras patinetas usaban plásticos. El uso de poliuretanos en las Cadillac Wheels en 1973 revolucionó el deporte. Creció de 50,000 deportistas en 1964 a 2 millones para

1975; al año subiría 10 millones y en 1978 el número había ascendido a 20 millones de participantes. Judith A. Davidson, "Sport and Modern Technology: The Rise of Skateboarding, 1963-1978", *Journal of Popular Culture* 18,4 (Spring 1985), 145-157.
[7] Mientras mayor sea el peso de la tabla de surfing, menor posibilidad de poder influir el movimiento de esta, al ofrecer mayor resistencia en cambio de dirección mientras más rápido se mueva.
[8] Para la aceleración presumimos una línea recta, tomando como base 5 MPH con cambio de velocidad en 2 segundos.
[9] Esta dinámica física es un elemento positivo en olas enormes como la de Nazaré, el cual un no quiere cambiar fácilmente de rumbo debido a las irregularidades sobre la enorme ola.
[10] John Gimbel, *Science, Technology and Reparations: Exploitation and Plunder in Postwar Germany* (Sanford, CA: Stanford University Press, 1990); American Chemical Society, "History of Polymer Science and Technology" in *Papers presented at the 179th National Meeting, 25 March 1980* (New York: Marcel Dekker Inc, 1982), 25-46.
[11] Joseph Borkin, *The Crime and Punishment of I.G. Farben* (New York: The Free Press, 1978); Raymond Stokes, *Divide and Prosper: The Heirs of I.G. Farben under Allied Authority, 1945-1951* (Berkeley, CA: University of California, 1988).
[12] Los centros de manufactura de la IG Farben, como Auschwitz o Treblinka, sirvieron de campos de concentración en los que se exterminaron judíos y otras minorías en sus cámaras de gas. Se decía que los prisioneros estaban en la dieta Budan: se les exprimía toda su vida hasta que nada mas se podía exprimir.
[13] Arnoldo Krammer, "Technology Transfer as War Booty: The U.S. Technical Oil Mission to Europe, 1945" *Technology & Culture* 22,1 (Jan. 1981), 68-103.
[14] A todos los miembros se les ordenó obtener seguros de vida, debido al alto peligro al cual se exponían.
[15] Las listas fueron preparados por el *Techincal Industrial Intelligence Committee*, un grupo de 19 comités formados por áreas generales industriales. Los equipos CAFTs (*Combines Advanced Field Teams*) identificó 3,000 lugares de interés en Alemania. La General Electric, por ejemplo, solicitó información sobre resistores, *vaccume tubes* y *polarized arrays*. De igual manera se 'entrevistó a un sinnúmero de químicos alemanes quienes explicaron la

producción de la goma *Buna S*, que utilizaba butadieno en vez de querosín, para darle su textura pegajosa particular—innovación que químicos estadounidenses no habían podido descifrar. Otros descubrimientos incluyeron el *carbon black y* el *cold steel extrusion process*, que agilizaba la producción del acero más de 10 veces lo tradicional. Aunque Estados Unidos originalmente se había opuesto a la obtención de científicos alemanes, reversó su política, dando a un enorme estímulo a la economía norteamericana. Ante los avances de otros europeos en el frente de guerra, como los rusos, se temía que estos se beneficiarían de la mina de oro científica que representaba miles de patentes alemanas. Gimel, capt. 1.

[16] Los robos de propiedad intelectual mediante el "hacking" o intrusión forzosa ilegal fácilmente supera esta bonanza.

[17] U. S. Department of Commerce, *Bibliography of Scientific and Industrial Reports* 1,8 (March 1, 1946); Lawrence Thompson, "The Bibliography of Scientific and Industrial Reports" The *Journal of Documentation* 3,1 (June 1947), 3-8.

[18] Otto Bayer, "Das Di-Isocyananat-Polyadditionsverfahren (Polyurethane", *Angewandte Chemie* 59, 9 (September 1947), pp. 257-272.

[19] David Kaiser and W. Patrick McCray, eds., *Groovy Science: Knowledge, Innovation and American Counterculture* (Chicago, IL: University of Chicago Press, 2016), pp 51-69.

[20] United States Control Group Council for Germany, Field Information Agency, *Technical Final Report No. 37*, "Polyurethanes at I.G. Farbenindustrie, Foringen, Ausburg" (12 September 1945), 1-5.

[21] Ibíd.

[22] Todavía no se sabe exactamente la difusión detallada del *polyurerthane* en la construcción de tablas de surfing, aunque su perfil general es bien conocido.

[23] La figura de Bob Simmons fue clave en una nueva conceptualización de la tabla de surfear al aplicar la ciencia y nuevas tecnologías en su diseño. Su experimentación inicial fue con *polystyrene*, que se derrite al entrar en contacto con la resina de *fiberglass*, requiriendo el diseño sándwich, en el cual se protegía el material con una capa de madera, así reduciendo su beneficio neto.

[24] Todavía no existen buenas biografías de David Sweet o de Bob Simmons.
[25] "Maribel Martínez Hernández; Silviano Corts Vargas, Querellantes-Recurridos v. Ramón Rosado Rodríguez, Querellado Recurrente," Tribunal Circuito de Apelaciones de Puerto Rico, Circuito Regional II - Bayamón, Panel I 31 de octubre de 2000 KLRA0000575.
[26] "Silvia Font de Bardón, et al, Demandantes v. Mini-Warehouse Corporation, et al, Demandados; The Rart Corporation, et al, Demandantes v. Commercial Center Management, Inc. H/N/C Mini Warehouse Corp. et al., Demandados; Sociedad Legal De Gananciales Compuesta por Emilio Rodríguez Colón et al., Demandantes v. Mini Warehouse Corp. et al, Demandados; Gabriel Jover Díaz et al, Demandantes v. Mini Warehouse Corp. et al, Demandados; Manuel Nuñez Corrada, et al, Demandantes v. Almacenes Mini Warehouse Corp. et al, Demandados; Herbet A. Crushson, Demandante v. Miniwarehouse Corp. et al, Demandados; Dorita López Aldabuldetrecu, et al, Demandantes v. Commercial Center Management, Inc. H/N/C Mini Warehouse Corp. et al, Demandados; Elizabeth Márquez López, Demandante v. Commercial Center Management, Inc. H/N/C Mini Warehouse Corp. et al, Demandados" Tribunal De Apelaciones De Puerto Rico, Región Judicial de Carolina, 27 de febrero de 2009 Klce0801846.
[27] Alter sería reconocido por sus famosos 'Hobie Cats', pequeños botes hechos con semejante material. Pocos conocen que Alter originalmente construía tablas de surfing de balsa, hábilmente estableciendo un sistema 'industrializado' de producción que superaba el carácter artesanal de las previas producciones.
[28] TDI es *toulene diisocyanate*. La dosis letal mediana de TDI es 5,800 mg/kg para contacto oral y 610 mg/m^3 en vapor.
[29] Malcolm Gault-Williams, "Wood to Foam: The Development of Polyurethane Foam Boards", website *Legendary Surfers: A Definitive History of Surfing's Cultures and Heroes*, html: http://www.legendarysurfers.com/surf/legends/lsc201/shtml#foam., April 15, 2006; accedido el 15 de febrero de 2014; William Fennigan, "Blank Monday: Could Gordon Clark destroy surfing?", *The New Yorker*, August 21,2006, 36-43; Gordon Clark, "Word for Word: Ceasing Production and Sales of", *Surfer Magazine*, 22 de

julio de 2010; Geoff Carter, "foam, 1960", *SURFRESEARCH*, 15 de febrero de 2014, HTML: http://www.surfresearch.com.au/1960.html.

[30] Noll alega que la llegada de la tabla corta puso fin a su negociación, pero es una alegación cuestionable.

[31] Noll estableció la *Hermosa Beach Factory*, una de las más grandes de la época. Tenía 67 trabajadores, vendiendo 175 tablas por semana. El centro de manufactura se había convertido en un tipo de producción fordista, con la materia prima entrando por un lado, y los productos finales (tablas de surfear) saliendo por el otro. Drew Kampion, *Greg Noll: The Art of the Surfboard* (Salt Lake City, UT: Gibbs Smith Publisher, 2007).

[32] La mayoría de estas compañías (75%) tienen menos de 5 personas. Douglas Booth, "Paradoxes of Material Culture: The Political Economy of Surfing", in *The Political Economy of Sport*, ed. John Nauright and Kimberley S. Schimmel (New York, NY: Palgrave, 2005), p. 107.

[33] Solo 10% de las personas asociadas al deporte lo practican.; John Irwin, "Surfing: The Natural History of an Urban Scence" *Urban Life and Culture* 2,2 (July 1973), pp, 131-160; Booth passim.

[34] Muy pocos, como Donovan Frankenreiter, pueden viajar el mundo y ganarse casi $100,000 al año. Los fundadores de Rip Curl y Billabong, Bryan Singer y Godon Merchant, personalmente estuvieron valorizados en $241M y $580M respectivamente. Aunque pequeño por contraste, Duke Boyd se ganó $3.5M cuando vendió su marca "Hang Ten". No sería mala idea que una corporación puertorriqueña se pusiera a hacer camisetas y pantalones cortos para el deporte. Booth, cápt. 6.

[35] La creación de mecanismos industriales de producción de tablas hace que en la China, se puedan producir 1,200 tablas mensuales, muy por encima de la típica producción manual de 60-100 tablas por mes. Isabel Cristina Safuto, Ana Claudia Belfort, Gislaine Teixeira and Emerson Antonio Maccari, "Process Innovation: A Surfing Manufacturer Case Study" *International Journal of Innovation* 6,1 (Jan/Apr 2018), pp 16-32.

[36] De acuerdo a un estudio de Frisby & McKenzie, para el 2003 habían 7 millones de personas practicando el deporte. Citado en Bettine de Almeida.

[37] Kaiser, p. 64.

[38] Típicamente los *foam blanks* de poliuretano ahora son comprados de la *US Blanks* ya pre-moldeados, en vez de producidos *en situ* donde se construye la tabla de surfing.
[39] La tabla comúnmente preferida tiende a cambiar con alguna regularidad por década; hoy es el 'fish retro': cortita, gorda y de dos quillas.
[40] William H. Brock, *The Norton History of Chemistry* (New York: W. W. Norton & Co., 1992); Isaac Asimov, *Breve Historia de la Biología*, trad. Ricardo Zelarayán (Buenos Aires Argentina: Editorial Universitaria de Buenos Aires, 1966); Andrew Ede and Leslie B. Cormack, *A History of Science in Society: From Philosophy to Utility* (Ontario: University of Toronto Press, 2012); Daniel R. Headrick, "Botany, Chemistry, and Tropical Development" *Journal of World History* 7,1 (Spring 1996), 1-20; Isaac Asimov, *Breve Historia de la Química* (Madrid, España: Alianza Editorial, 2016); George Basalla, *The Evolution of Technology* (New York: Cambridge University Press, 1989).
[41] Perkins estaba tratando de sintetizar quinina, la droga que hoy se usa para curar la malaria, cuando descubre el *mauve*.
[42] El celuloide original explotaba en llamas.
[43] *Rubber Chemistry and Technology* 48,3 (July-Aug 1975); Dan J. Forrestal, *The Story of Monsanto: Faith, Hope and $5,000 and the Trials and Triumphs of the First 75 Years* (New York: Simon & Schuster, 1977), cápt. 22: "Otto Bayer: Father of Polyurethanes."
[44] Curiosamente, Bayer criticó severamente el énfasis en elevado ritmo de publicación en la academia pos-guerra, argumentado que distraía de genuinas innovaciones en la química. Ibíd
[45] Se puede obtener una idea de su dificultad al notar que la Dupont Co., quien también había estado trabajando la materia, abandonó su investigación por la dificultad de esta.
[46] La reacción instantánea de la mezcla de químicos de hecho ocurre en dos etapas. La primera crea un "*preoplymer*" que al reaccionar con agua forma la final cadena de resina polímero inflexible. Las propiedades físicas de la esponja pueden ser modificadas con la cantidad de agua e isocyanatae utilizados en la mezcla. J. H. Saunders and K. C. Frisch, *Polyurethanes: Chemistry and Technology* (Huntington, New York: Robert E. Krieger Publishing Co., 1978), cápt. 6.

[47] En inglés el acrónimo significa "*pounds per square inch*" o libras por pulgada cuadrada.
[48] Galileo Galilei, *Dialogues Concerning Two New Sciences*, trasnl., Henry Crew and Alfonso de Salvio (Buffalo, NY: Prometheus Books, 1991).
[49] Stuart M. Lee, *International Encyclopedia of Composites*, Vols. 3, 5 (New York, VHC: 1991); Nathan Reingold, *Materials Research Chronology, 1917-1957* (Dayton, FL: Wright-Petersons Air Force Base, 1962).
[50] American Chemical Society, "History of Polymer Science and Technology" in *Papers presented at 179th National Meeting, 25 march 1980* (New York: Marcel Dekker Inc, 1982), 25-46.
[51] Saunders, chpt 6.
[52] "*Somente na década de 50 depois da 2a Guerra Mundial, o surf voltou a se impulsionar no Brazil.*" El primer surfista brasileño fue Osmar Gonçales, quien en 1938 construyó su primera tabla siguiendo instrucciones que encontró en una revista. Marco Antonio Bettine de Almeida, Fernanda Amaral, Matheus Tadei, "A evolução historíca da prancha de surf e seu aperfeiçionamento tecnologógico" *EFDeportes* 17,169 (junio 2012), html http://www.efdeportes.com. Accedido el 14 de mayo de 2019. Existen disputas sobre el énfasis en la creación del deporte, como presentado en la película "*Step into Liquid*" (2003).
[53] Matt Warshaw, *History of Surfing* (San Francisco, CA: Chronicle Books, 2010), passim.
[54] Isaiah Helekunihi Walker, *Waves of Resistance: Surfing and History in Twentieth-Century Hawaii* (Honolulu, HI: University of Hawaii Press, 2011), passim.
[55] Favor referirse a Finney.
[56] Mark Stranger, *Surfing Life: Surface, Substructure and the Commodification of the Sublime* (Surrey, England: Ashgate, 2011), cápts. 1-2; Warshaw, *The History of Surfing*, cápt. 3.
[57] Walker, passim.
[58] A pesar del alto precio de la tabla moderna, la tabla hawaiana era elaborada a mano con herramientas primitivas.
[59] Ben R. Finney, "Surfing in Ancient Hawaii" *The Journal of the Polynesian Society*, Vol. 68, No. 4 (December, 1959), pp. 327-347. Finney fue uno de los primeros en explorar las más antiguas tecnologías del surfing.

[60] Clemens es mejor conocido como el autor Mark Twain.
[61] La flotación de una tabla se puede medir utilizando el principio de Arquímedes. Usando una cuerda atada a la tabla, inserte este completamente debajo del agua en un cilindro; la cantidad de agua desplazada será una medida exacta del volumen y flotación (*bouyancy*) de la tabla.
[62] Cuando se intentó reducir la cola de una tabla de balsa, no tuvo el mismo efecto debido a que su alto punto de flotación previno que la cola sirviese como un tipo de 'quilla' al no hundirse en el agua. De hecho, aunque Blake fue el primero en 'inventar' una quilla—una quilla de aluminio tan afilado que tuvo que cubrirlo con madera—no obtuvo mucha popularidad en sus primeros años.
[63] Peter Westwick and Peter Neushul, *The World in the Curl: An Unconventional History of Surfing* (New York: Crown Publishers, 2013), p. 101.
[64] Ira H. Abbott and Albert E. *Von Doenhoff, Theory of Wing Sections* (New York, Dover Publications Inc., 1949); Lindsay Lord, *Naval Arquitecture of Planing Hulls* (Cambridge, MA: Cornell Maritiem Press, 1963).
[65] Matt Warshaw, *The History of Surfing* (San Francisco, CA: Chronicle Books, 20010); Young, *The History of Surfing*; Richard Kenvin, *Surf Craft: Design and the Culture of Board Riding* (Cambridge, MA: MIT Press, 2014); Malcolm Gault-Williams, "Wood to Foam: The Development of Polyurethane Foam Boards", website *Legendary Surfers: A Definitive History of Surfing's Cultures and Heroes*, HTML: http://www.legendarysurfers.com/surf/legends/lsc201/shtml#foam., April 15, 2006; accedido el 15 de febrero de 2014; Young, *The History of Surfing.*
[66] Un líquido viaja a mayor velocidad en la superficie de mayor área, creando un diferencial de presión. Por ende, la parte superior del cóncavo genera presión negativa, acelerando el movimiento.
[67] Cuando Aipa introdujo sus '*channels*' hacia el último tercio de la tabla en los 1970s, posiblemente en imitación a Simmons. Parece ser poco utilizado el diseño por su facilidad de daño y dificultad de reparo.
[68] Lord había arrastrado varios pedazos de madera con varias proporciones para evaluar su efecto '*drag*'. Experimentos semejantes resultaron en la creación de la Revolución Industrial.

[69] Imagínese una esfera rodeando su tabla. Mientras más pequeña la esfera, mayor el número de condiciones con el cual uno podrá lidiar. Si la esfera es muy grande, y se extiende hacia el infinito, solamente podrá ir derecho y será sujeto a la más mínima variación de ángulo.
[70] Al aumentar de velocidad durante un turno, como el *bottom turn*, el punto principal de interacción entre la tabla y la ola es transferido al borde de la tabla, particularmente cuando el surfer usa su peso completo para virar en la ola; la tabla se convierte en una enorme quilla.
[71] Oleaje pequeño, como el de Florida, requiere de tablas pequeñas, gordas y redondas de 5 pies, mientras que oleaje grande requerirá tablas finitas, puntiagudas y largas de 9 pies. En oleaje ultra grande, como el de Nazaré (Portugal), sólo se pueden utilizar instrumentos que se asemejan a tablas de surfing, pero que en realidad son algo distantes de las tablas modernas, requiriendo un operador, un jet-ski y un equipo de vigilancia.
[72] Simmons, al igual que Pitágoras, era vegetariano.
[73] El surfing había sido recomendado en el hospital como un método de terapia para su recuperación física. Tristemente, el accidente de por sí fue causado debido a que Simmons también sufrió cáncer de pierna. Luego de la operación, comenzó a correr bicicleta para fortalecer sus piernas, cuando ocurrió el terrible accidente.
[74] El *Office of Scientific Research and Development (OSRD)* fue un invento institucional por Vannevar Bush, el cual sirvió de antecedente a la actual *National Science Foundation (NSF).*
[75] Blake licenció la patente a varias compañías, que le rindieron un cómodo ingreso. Estas incluyeron la Thomas Rogers Company, Robert Mitchell Manufacturing Co., Los Angeles Ladder Co., y la Catalain Equipment Company.
[76] Debido al rápido crecimiento poblacional, el estado de California aumentó su ejercicio del poder y control.
[77] Mickey Dora terminó muriendo en Moroco bajo un autoexilio luego de ser el sujeto de una continua búsqueda por las autoridades por fraude financiero. Michael Scott Moore, *Sweetness and Blood: How Surfing Spread from Hawaii and California to the Rest of the World, with Some Unexpected Results* (New York, NY: Macmillan Co., 2010), cápt. 4.

[78] La nariz tenía una distintiva curva hacia arriba, lo que le daba su particular nombre de 'cuchara' o "*spoon*" en inglés.
[79] Una idea análoga a esta innovación, ahora llamada un "*parabolic stringer*", se está usando en diseños más sofisticados de tablas EPS. Entrevista Marcos Rodríguez.
[80] El cadáver de Simmons fue encontrado sin sus ojos tres días después en la orilla de la playa.
[81] En esos años, existió un mayor grado de cercanía entre el deporte del surfing, la industria aeronáutica y la industria de cine. Notemos que el hermano de Sweet fue el famoso actor Cliff Robertson. Warshaw, passim.
[82] En inglés se traduce a "*race towards the bottom.*"
[83] Tan buenos fueron los poliuretanos producidos por Clark, que algunos de ellos los consideró ser demasiados livianos—que fueron descartados por la inconsistencia del producto. Otros competidores vieron la importancia del "*Ultra-light foam*", que obtuvieron todos los desechos de Clark, dando al nacimiento de sus propias compañías. Clark luego reincorporó este producto a su inventario.
[84] Clark usó *toluene di-isocyanate* (TDI) de la Bayer y un isocyanate de la Celanese Corporation en Texas. Para el 2000, Clark dominaba 90% del mercado mundial, y se estima que enviaba 1,000 *foam blanks* por día. Al proveerle al cliente una forma casi finalizada, llegó sobrepasar a sus competidores, como la compañía de Harold Walker, quien había sido su competidor más cercano, al igual que otros como Chuck Foss, Ron Haydu y Rogers Foam.
[85] Alter de por sí usaría estas innovaciones para la creación de su famoso catamarán "Hobie Cat"; terminó incursionando por completo de la manufactura de tablas de surfing, metiéndose de lleno en la manufactura de botes.
[86] El modelo comercial de cómo se implementaba este valioso producto varió enormemente en esos tempranos años. Larry Gordon y Floyd Smith, de la marca Gordon & Smith (G&S) inicialmente desarrollaron su negocio como un tipo de cooperativa. Vendían la esponja de poliuretano a cientos de surfistas, quiénes moldeaban sus diseños particulares a las tablas. El costo y beneficio son obvios: aumentaba la experimentación, pero no resultaba en una marca consistente en su ofrecimiento, dando a que eventualmente la G&S modificara su modelo de negocio. Ben

Marcus, *The Surfboard: Art, Style, Stoke* (Minneapolis, MN: MVP Books, 2007), cápt. 5.

[87] Aunque se podían poner las fibras de la balsa perpendiculares a la superficie de la tabla, el cual aumenta su fuerza de compresión, tenía bajos niveles de resistencia a rotura—sin mencionar su absorción de agua, molde y otros inconvenientes de productos orgánicos. Stuart M. Lee, *International Encyclopedia of Composites* (New York: Wiley-VCH, 1991), vol. 1.

[88] Nótese que a pesar de la enorme variedad de características físicas del poliuretano, todos tienen las mismas características químicas. Por otro lado, si el poliuretano tiene una densidad menos de 60 kg/m^3, no es considerado un material estructural viable a pesar de ser químicamente idénticos.

[89] Nuevas esponjas creadas por Edison Connor, previo científico para SpaceX, en la Varial Surf Technology, alegadamente son 30% más fuertes con 7 veces el *modulus* (*tiesura*) que las de poliuretano, al reducir sustantivamente el tamaño de la célula poligonal.

[90] La fibra de vidrio fue inventado por el científico Games Slatyer, químico de la Owens en 1931. Siete años más tarde, cuando se unen la Owens Illinois Glass y la Corning Glass, crean la Owens Corning Fiberglass dedicada exclusivamente a su producción. Para 1950, habían logrado un pelo de vidrio 1/15 de ancho del pelo humano, pero con una fuerza tensil mayor que el acero. Kaiser, cápt. 2.

[91] Las casuchas del África primitivo, en el cual se mezcla lodo con paja, es un ejemplo distante del beneficio de un *composite*. Tablas de surfing sin este 'relleno' van a ser sustantivamente más frágiles que las demás.

[92] Término se refiere a la fuerza o rigidez de un material.

[93] Ibíd.

[94] *Colección Fotográfica El Mundo* (UPR-RP), sobre 4960, 1970.

[95] Dominick V. Rosato, "History of Composites", Chpt 1 in *Handbook of Fiberglass and Advanced Plastics Composites*, ed. George Lubin (New York: Van Norstrand Reinhold, 1969), pp. 1-22.

[96] Incidentalmente, una mayor porción de resina en el laminado debilita la fortaleza de la estructura en vez de mejorarla. Ibíd.

[97] Ibíd., p. 7.

[98] Cualquier surfer que ha tenido el placer de intentar practicar el deporte con poco o ninguna cera sabrá a lo que me refiero.
[99] En Puerto Rico, Hansen auspiciaría a Susan King. Entrevista Susan King.
[100] Jefferson Wagner, *Surfboard Wax: A History* (Atglen, PA: Schiffer Publishing Ltd, 2007).
[101] Doyle llegó a desarrollar un sinnúmero de productos deportivos, entre estos los "*baggies*" (el cómodo traje de baño de nylon con triple costura), la granola y el *snowboard.* Su biografía es altamente recomendada. Mike Doyle and Steve Sorensen, *Morning Glass: The Adventures of Legendary Waterman Mike Doyle* (Carlsbad CA: Picacho Publishing, 2018).
[102] Son pequeñas partículas de homogéneo tamaño.
[103] Bob Simmons era sumamente sigiloso sobre su trabajo, debido en parte a que su propio hermano había sido víctima de robo intelectual; Alter y Clark dieron con su poliuretano mientras que trabajaban en una casucha con las ventanas pintadas de negro, altamente veladas. Más aún, contrataron a un grupo de bomberos para velar que nadie entrase a sus facilidades, sirviendo como policías clandestinos.
[104] El surfing en California creció en ordenes de magnitud luego de la película. Si en 1955 habían unos 5,000 surfistas, una década luego el número alcanzó la increíble cifra de 200,000 (1967). Warshaw, passim.
[105] En 1966, todos los manufactureros de tablas de surfing vendían más tablas en la costa este de Estados Unidos que en California, indicando el ritmo de crecimiento del deporte en esa nación. Kampion, p75.
[106] David Kaiser and W. Patrick McCray, eds., *Groovy Science: Knowledge, Innovation and American Counterculture* (Chicago, IL: University of Chicago Press, 2016); Allen J. Scott, *Technopolis: High-Technology Industry and Regional Development in Southern California* (Berkeley, CA: University of California Press, 1994); Mark Zachary Taylor, *The Politics of Innovation: Why Some Countries as Better than others at Science and Technology* (New York, NY: Oxford University Press, 2016); Geoffrey West, *Scale: The Universal Laws of Life, Growth, and Death in Organisms, Cities, and Companies* (New York: Penguin, 2018).

[107] Ninguna nación o estado mantendrá su posición de liderato indefinidamente, lo que se conoce como *Cardwell's law* luego de una indagación a través de un milenio de historia. Taylor, cápt. 1.
[108] La DC-3 tuvo 87% del mercado en 1937. Scott, p 59.
[109] Aunque Doyle fue brevemente a la universidad para estudiar biología, se cambió al estudio del arte—el cual nunca llego a completar.
[110] A pesar de estar ofendido por el cuestionamiento, Hemmings activamente promocionó el deporte en las hondas televisivas, para luego convertirse en senador para el estado de Hawai entre el 2000 y el 2010. Fred Hemmings, *The Soul of Surfing* (New York: Thunder's Mouth Press, 1997), passim.
[111] Doyle explica que hay una enorme subjetividad en la evaluación de competencias de surfing; por contraste, la mayoría de las veces uno puede saber sin duda alguna quién ganó una competencia de *paddleboarding* al ser el primero en llegar. Por su parte, Hemmings explica que su estrategia de surfing había cambiado a través de los años. Cuando joven compitiendo en olas pequeñas, el número de olas que uno tomaba era importante para la puntación; al crecer, se enfocó en tomar las olas más grandes que podía. Hubo una competencia fraternal entre ambos quienes conocieron e interactuaron con Duke Kahanamoku. Hemmings, *The Soul of Surfing*, passim.
[112] Al carecer de capital, Morey inició su producción consonó con las ventas, creciendo estas a un tempo bastante acelerado—aunque se llegó a cansar tempranamente al carecer de tiempo para innovar, terminó vendiendo la compañía multimillonaria.
[113] Doyle solamente pudo sonreír ante las cámaras y sostener la humillación.
[114] Inicialmente, Doyle corría la tabla mirando hacia la nieve, en vez de lados. Doyle, *Morning Glass*.
[115] La corporación Hexcel le había ofrecido $80,000 por derechos de patente y regalías por 6 años. Pero, ante las promesas y amistad de Bahne, Doyle erradamente optó por trabajar con su "amigo".
[116] Hay alguna duda si Banhe mismo tenía el conocimiento para utilizar el equipo; al ser el proveedor de fondos principal, Doyle sufrió graves pérdidas de confianza y dinero.
[117] Esta imagen de terror, tan popularizada por el filme "Jaws" (1975) de hecho es un mito, que ha resultado trágicamente en la

sustantiva disminución de tiburones en los mares. Irónicamente, un número órdenes de magnitud mayor de personas muren por picaduras de mosquitos que por ataques de tiburón. Los surfers de California típicamente están rodeados por tiburones blancos sin saber que están ahí.

[118] Bronislaw Malinowski, *Argonauts of the Western Pacific: An Account of Native Enterprise and Adventure in the Archipelagos of Melanesian New Guine*a (Prospect Heights, Ill: Waveland Press, 1922); Margaret Mead, *New Lives for Old: Cultural Transformations Manaus, 1928-1953* (New York: Perennial Co., 2001).

[119] Podían usar los marullos para identificar su posición en el mar. Thomas Gladwin, *East is a Big Bird: Navigation and Logic on Puluwat Atoll* (Cambridge, MA: Harvard University Press, 1970).

[120] Rápidamente se incorporaron nuevos materiales europeos en estas culturas, como la tela española para sus velas en vez de las palmas que se degradaban rápidamente. Gladwin, passim.

[121] Una posible cultura marítima afro puertorriqueña no ha sido sujeto de investigación histórica.

3 Lo que trajo la marea al Jardín del Edén

Los primeros surfers en Puerto Rico, siglo XX

"!Oh no! El agua esta[r] muy fria.
No voy hasta Semana Santa."[1]
- Monty Smith

Usualmente los tempranos comienzos de fenómenos históricos están cubiertos con una nube de incertidumbre; mientras más distante del presente, más borrosa se nos parece debido a la inevitable perdida de información que ocurre con el tiempo—lo que en la física se conoce como la entropía. De manera semejante, la llegada del surfing a Puerto Rico y sus primeros surfers, tanto indígenas como europeos, está rodeada por una nube de incertidumbre y desconocimiento. No obstante, podemos identificar los perfiles de lo que ya se conoce de sus historias, en específico sus respectivas experiencias de imperialismo y colonialismo. Es dentro de este contexto donde podemos firmemente establecer el "¿por qué?" y la fecha de su llegada—aún cuando no sepamos los nombres específicos de los individuos y sus historias particulares.

Uno de los aspectos más interesantes de la colonización indígena de Puerto Rico fue que no ocurrió mediante las rutas que uno supondría al mirar a un mapa geográfico, originando desde Florida. Simulaciones computacionales de las corrientes en el Caribe indican que procedieron desde lo que ahora es Venezuela. Incluso, no fue saltando de isla en isla hacia el norte mediante la cual se dio esta colonización original, como uno también supondría y se alegaba originalmente por Ricardo Alegría y otros,[2] sino que probablemente llegaron a lugares como Cuba y Puerto Rico mediante una predominante y poderosa corriente que se mueve desde Venezuela hacia el noroeste a la región del Yucatán.[3] Las corrientes al sur de Florida son tan poderosas y rápidas, siguiendo el '*jet stream*' y el AMOC[4] nutriendo el Océano Atlántico al norte con aguas calientes ecuatoriales, que cualquier embarcación leve que intentase bajar desde la enorme península hubiese terminado siendo arrastrada hacia un horrífico fin en el Atlántico a pesar de la corta distancia que los separa.

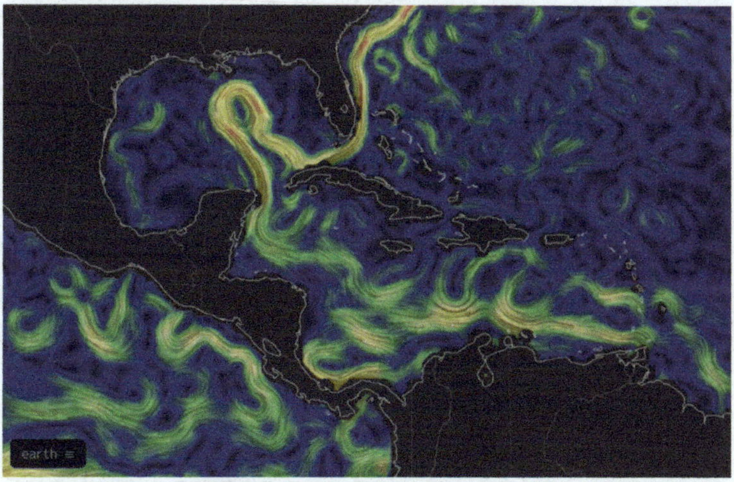

Mapa 7: Corrientes en el Caribe[5]

También sabemos que esos primeros indígenas vivieron en un Puerto Rico sustantivamente diferente del que tenemos hoy. La Bahía de San Juan, por ejemplo, estaba completamente rodeada en la costa occidental por enormes playas y arenales que ahora no existen. La construcción de una elaborada serie de fortines en el Viejo San Juan colonial, que culminaron con El Morro, dio a la remoción de estas enormes cantidades de arenales, que ayudaban a establecer ricos ecosistemas en la bahía durante la era pre-Colombina.[6] El castillo de El Morro no vino 'de la nada', sino que fue nutrido por la arena que lo rodeaba antes de ser construido.[7]

Por implicación, cuando Estados Unidos llegó a ocupar la isla en 1898, sus ciudadanos no pudieron imaginarse cuan idílica había sido la isla durante el periodo colonial que les precedió—una era que también precedió por casi medio milenio a la formación de Estados Unidos.

Como hemos visto, los estudios de Robiou y otros claramente revelan sorprendentes avances tecnológicos hechos por los indígenas caribeños en la navegación de Mar Caribe. Por ejemplo, tal como la tabla moderna del surfing fue modificada hacia una mayor eficiencia y velocidad durante el siglo XX, los remos indígenas de igual manera habían evolucionado hacia un perfil semejante a la punta de las tablas—pero por diferentes razones. Un largo y puntiagudo remo es mas eficiente y poderoso para remar en el océano abierto que un remo tradicional redondo y de mayor área de superficie:[8] reduce el peso excedente durante mares llenos de viento y oleaje, que a su vez permite al remador realizar su actividad por mayores periodos de tiempo, logrando mayores distancias.[9]

Este precedente en la tecnología de la madera indica que la invención de una tabla de surfing no hubiese sido imposible para dichos grupos, cuya facilidad con la natación era comúnmente señalada en la correspondencia española colonial.[10] En contraste con los españoles, para los indígenas "su natural es el agua, ansíeme escapado en sus piraguas."[11]

Pero la evidencia existente sugiere que nunca llegaron a crear 'tablas de surf' en el Caribe Pre-Colombino. En unas 2,000 paginas de documentos españoles coloniales producidos entre 1493 a 1599, no hay mención a algún deporte parecido al surfing. El "arte de marear" se refería solamente a la navegación, y lo más cercano a tablas de surfing eran las canoas, "vnas fustas pequeñas de vn solo madero" utilizadas para atacar las demás poblaciones del Mar Caribe.[12] Aunque las tablas de maderas eran utilizadas por los españoles para sobrevivir sobre el agua, tal cuando se extravió un navío a causa de un golpe de ballena, no fueron más allá en su uso en el "mar océano".[13]

Por lo tanto, la pregunta que naturalmente surge es por qué no se dio este desarrollo del *surfing* durante el periodo como llegó a ocurrir en Hawai.

No fue por falta de lugares para aprender. La playa de Pine Grove en Isla Verde tiene alguna similitud a la de Waikiki en Hawai.[14] Ambos lugares han sido históricos criaderos de surfistas debido a su relativamente seguras condiciones de aprendizaje. Bajo condiciones propicias, señala Rodríguez Reyes, el surfista novato puede correr una distancia sustantiva dentro de un contorno de relativa seguridad física.[15] Aunque podemos destacar que ciertamente el oleaje de Waikiki se extiende más calmadamente durante una mayor distancia, ambos son caracterizados por un tranquilo fondo arenoso que se extiende gradualmente hacia el mar afuera. Hay pocos lugares con este perfil de oleaje en ambas islas, dando a la relativa semejanza de su función social como humedal de surfistas en sus sociedades respectivas.[16]

Para entender el porque de esta diferencia, una comparación con la colonización polinesia en las islas del Hawai para el 1025 AD, luego de su ocupación de Samoa en 800 BC, es ilustrativa.[17]

Por contraste con Hawai, la colonización indígena del Caribe ocurrió a través de varias bandas migratorias durante aproximadamente el mismo periodo, extendiéndose hasta la llegada de Colón.[18] Podemos sugerir que la existencia del vicioso poderío del imperio Azteca en el Mesó América durante la época que coincidió con el Renacimiento en Europa, pudo haber tenido una enorme influencia en la creación del violento carácter caníbal de los Caribes.[19] Aunque no tenemos prueba concreta para esta relación—una que es difícil de conseguir por el estado primitivo de sus sociedades—ha sido bien establecido que poblaciones que entran en agudos estados de guerra rápidamente decaen en el tono cívico de sus interacciones, haciéndoles difícil restablecer la paz.[20] A veces, es solamente el agotamiento de recursos que pone fin al choque bélico premoderno; luego de largas décadas de violencia, están demasiado cansados para seguir batallando.[21]

Podemos tomar como contrapeso el hecho que a través del Pacífico arcáico, relaciones armoniosas de intercambio se daban anualmente en ciclos económicos que eran acompañados por rituales específicos que ayudaban a asegurar la paz necesaria para tales intercambios.[22] Tal como la larga distancia de 3,000 millas o "*fetch*" que produce el excelente oleaje Hawaiano[23], el largo periodo de relativa paz en las islas ayudó a producir la cultura oceánica del surfing que tan distintivamente la caracteriza.[24] Inversamente, la relativa 'juventud' de la colonización indígena del Caribe precolombino pudo haber abonado a sus crónicos ciclos de violencia que fueron abundantemente capturados por los cronistas Españoles, que a su vez hubiese naturalmente resultado en la inhibición de una mayor cercanía con el mar, tan necesario para el desarrollo de deportes acuáticos como el surfing.

Como señaló Tomas Hobbes, sin la paz, no hay civilización (o surfing)—reclamo que toma aún más vigencia hoy.[25]

Por contraste, la paz en el Caribe que finalmente llegó a ser establecida por Estados Unidos para el siglo XVIII —o quizás mejor dicho la ausencia de belicosos poderes rivales—ayudó a fomentar las condiciones propicias para un cambio cultural en Puerto Rico: el establecimiento de una cultura de mar.[26]

El establecimiento del "imperio pointilista", como lo llama Immerwahr, por Estados Unidos luego de 1898 dio al establecimiento de una mayor coherencia entre sus partes—al costo de la autonomía local de los territorios isleños que la constituían. Fue precisamente a causa del desigual poder en la islas Hawaianas, en si a consecuencia del colapso demográfico luego de la visita de Cook en 1770, que se destronó la legitima reina Lili'uokalani, dando a que se incorporara Hawai al ámbito estadounidense entre 1893 a 1898 bajo presión de corporaciones agrícolas estadounidenses.[27] Independientemente de las chocantes implicaciones éticas y democráticas que estas acciones bélicas implicaban, estas dinámicas geopolíticas a su vez indudablemente establecieron una plataforma de difusión cultural entre los diferentes puntos de los territorios estadounidenses, que agilizó la transferencia de la cultura oceánica hawaiana a Estados Unidos y, a su vez, su eventual difusión a Puerto Rico.[28]

Podemos claramente ver la existencia de esta dinámica al considerar el caso de Cuba. La independencia de Cuba en 1934—una isla que había servido como pretexto original para la Guerra Hispanoamericana de 1898—por contraste dió a la exclusión de esa isla antillana a estos intercambios culturales en el ámbito norteamericano.[29]

Por lo general no hay surfistas cubanos en Hawai, por lo menos en contraste con el sustancial nivel de surfistas hawaianos de procedencia puertorriqueña tal como Gerry López o Ben Aipa.[30] Con la excepción de uno que otro exiliado cubano luego de la revolución castrista en 1959, como fue el caso de Micco Godínez, quién estuvo en Chile, podemos señalar que la presencia de surfers cubanos en Hawai es una ínfima porción en comparación con aquellos de Puerto Rico, quien se mantuvo dentro del ámbito político estadounidense por más de un siglo a pesar de los señalamientos hechos por Pedro Albizu Campos sobre su irracionalidad democrática.[31]

Semejante dinámica se puede observar con otra de las islas más grandes del caribe hispánico: la República Dominicana. Surfers puertorriqueños que viajaron ahí durante la década de 1970 notaron la total ausencia del deporte.[32] Cuando José Figueroa surfeó en la isla, tenía cuidado con la playa a donde iba, debido que grandes porciones de la costa estaban en manos privadas. Por otro lado, Ed Valencia, quien vivió en esa isla por unos 15 años durante la próxima década se sintió frustrado al tener que surfear tan bellas olas por si solo. Lo cierto es que, como señaló Omar Foglia, ir a la Republica Dominicana durante la década de 1970 era como viajar al Puerto Rico de mitad de siglo, abriéndole un enorme y lucroso mercado en su elaboración de tablas de surfing.[33]

En este sentido podemos definir el deporte del surfing como un '*meme*', en alusión a un fenómeno cultural que opera como una unidad semejante a la función de los genes en la biología. Fue mediante contacto directo cultural, por lo menos en sus inicios, que se difundió por primera vez el surfing a California en 1908 luego de la famosa visita del hawaiano George Freeth, demostrándole a la audiencia playera cuan divertido podía ser el deporte.[34]

Luego de la mayor incorporación de Puerto Rico a Estados Unidos en 1898, seguido mediante la ciudadanía en 1916 (*Jones Act*) y gradualmente con el establecimiento de múltiples bases militares a través de la isla, la difusión del surfing a Puerto Rico llegó para la segunda mitad de siglo XX mediante los individuos que constituyeron el personal de sus fuerzas militares, sean estos soldados, marineros o pilotos aéreos. Aunque no sabemos exactamente quienes estuvieron en Puerto Rico, al esta ser información restringida al momento, los perfiles generales de su llegada están firmemente establecidos dentro de un contexto circunscrito y bien delimitado.[35]

Mapa 8: Propiedades militares en Puerto Rico (1947)[36]

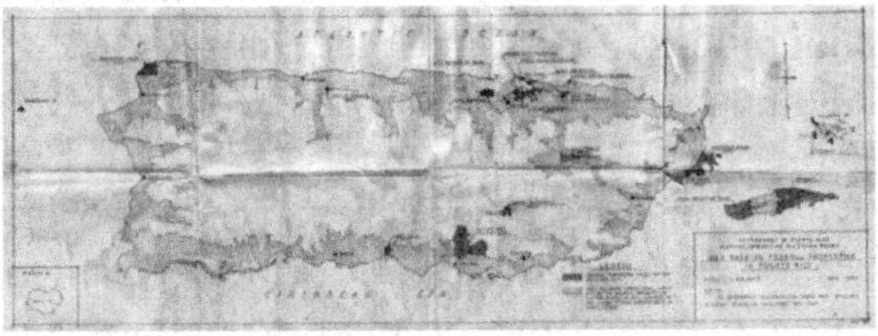

Los soldados estadounidenses trajeron consigo un *meme* del cual los puertorriqueños no tenían inmunidad: una cultura hawaiana deportiva del mar.

Fenómeno parecido estuvo ocurriendo en otras partes del mundo donde estuvieron ubicados soldados norteamericanos, como en Moroco durante la década de 1960, dejando inscrito la icónica frase de grafiti "*Kilroy was here*".[37] La mayoría de estos raramente dejaban indicaciones de quienes eran y de donde venían—aún cuando su impacto perduro en la región por largos años.[38] El rey Mohammed VI estableció el *Oudayas Surf Club* en Rabat, que también inspiró el establecimiento del autóctono *Medhiya Surf Camp*.[39]

Fenómeno parecido ocurrió en Japón, cuyo crecimiento luego de la Segunda Guerra Mundial estuvo ligado a las bases militares estadounidense—fenómeno que curiosamente también impacto el surgimiento de los Beatles en Inglaterra.[40] La demostración del deporte en el *Japan World Exposition* de 1970 en Osaka fue un éxito instantáneo, dando al auge del surfing en esa nación.[41] Escenas cinematográficas de los sitios más idílicos del surfing, como los de Bali (Indonesia) o "*Big Wednesday*" (El Salvador) de hecho escondían su intimo entrelace con las fuerzas miliares estadounidense, quienes impunemente facilitaron violentos actos de represión.[42]

Surfistas como Tom Ferguson, Richard Bloomquist y Susan King (Horstman) que practicaban el deporte como adolescentes durante los 1960s—y quienes entraban legal o ilegalmente a la Base Ramey de Aguadilla para ir surfing en lo que ahora se llama *Wilderness*—señalan la conocida presencia de surfers militares en la base, cuyos nombres quedan en el olvido histórico. Mientras que Bloomquist y Machuca entraban a la base ilegalmente escondidos en los baúles de los carros, otros como Ferguson y King tenían acceso directo y podían conseguir pases para su entrada. En otros casos, uno podía empezar a remar justo en las afueras de la base, o meramente cortar una entrada al portón.[43]

La mejor memoria de este grupo específico de surfers militares quizás la tiene Dan Herlihy, quien visitó la isla en 1966, trabajando para Duke Michaels por un año en la elaboración de tablas UKU.[44] Herlihy, oriundo de Maryland y quien ya habia vivido en California durante el apogeo del deporte en ese estado, llegó a conocer a unos 20 surfistas militares que vivían en Ramey. La mitad de estos habían arribado a la isla ya sabiendo a surfear, y la otra mitad lo aprendieron durante su estadía.[45] Pero, el impacto de este grupo en particular parece haber sido limitado debido que, al no tener automóviles, los militares solamente podían ir surfing a Wilderness o a Surfer's Beach—que en aquel entonces se llamaba "*Officer's Beach*" por razones obvias.[46] Ojala que toda jaula social fuese constituida por tan impresionantes barras oceánicas.[47]

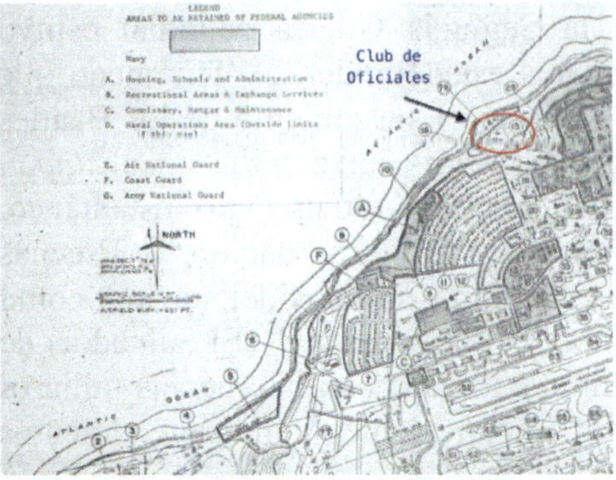

Mapa 9: Club de Oficiales en Ramey Air Force Base (1974) [48]

Esta descripción coincide con la de Orrin H. Pilkey escrita para 1974.[49] Un oceanógrafo que visitó la isla con su hijo surfista, Pilkey también observó la cercana correlación entre el deporte y los clubes de oficiales militares; Ramey era un punto de referencia común. Las descripciones de la época, el cual aludían a la similitud de puntos de surfing en Puerto Rico con los de Hawai, aludían a este fenómeno; Caballos (Isla Verde) era como Makaha, Tres Palmas (Rincón) como Laniakea, e implica que Jobos era como Waikiki.[50] Aunque Table Rock era uno de los mejores puntos en la isla, no proveyó comparativo hawaiano.[51]

Sin duda, en esos tiempos el acceso a uno de los mejores lugares de surfing era sumamente restringido, particularmente luego del incidente de la Bahía de Cochinos (1961) y la crisis de los misiles en Cuba al año siguiente, el cual casi desata una guerra nuclear entre la y Estados Unidos ante la insistencia de retener misiles nucleares a tan cercana distancia del continente americano.[52] Los botes y los guardias en la playa con frecuencia sacaban agresivamente a los surfistas del agua en la Base Ramey. En un punto Bloomquist tuvo un encontronazo tan fuerte luego de haberse metido ilegalmente en la base varias veces, siendo brevemente retenido y amenazado, que salió temblando con deseos de nunca seguir insistiendo en su entrada a ese pequeño Jardín del Edén.[53]

Foto 3: Policia montada y perros en Ramey[54]

Aunque la previa generación de surfistas, como José Rodríguez, también trataron de entrar a la base por la entrada principal, fueron denegados, resultando en viajes costosos para los emprendedores de aquellos años.[55] Antonio Betancourt en sus '*surfaris*' exploratorios nunca llegó a Aguadilla y quizás fue debido precisamente a que Benjamín Meléndez había pertenecido al ejército estadounidense que sabiamente desistió en intentar visitar la base.[56] Por razones geoestratégicas a nivel global, y por ende difícil de ver y entender, los surfers puertorriqueños estuvieron exiliados de sus tierras en su propio país.

La coincidencia entre algunos de los mejores puntos de surfing con la presencia militar podría sugerir que habían surfers desconocidos dentro de las fuerzas armadas influyeron la ubicación de estos lugares. Ambos clubes de oficiales, tanto en Ramey como el *Reserve Officers Association Beach Club* de Escambrón, estaban situados en lugares con una idílica y amplia vista a los mejores puntos del deporte, de relativamente fácil acceso.[57] No obstante, aunque el individuo se pierde dentro del complejo industrial-militar, como alertó Eisenhower, habían contundentes razones estratégicas para su ubicación y presencia en Puerto Rico.[58]

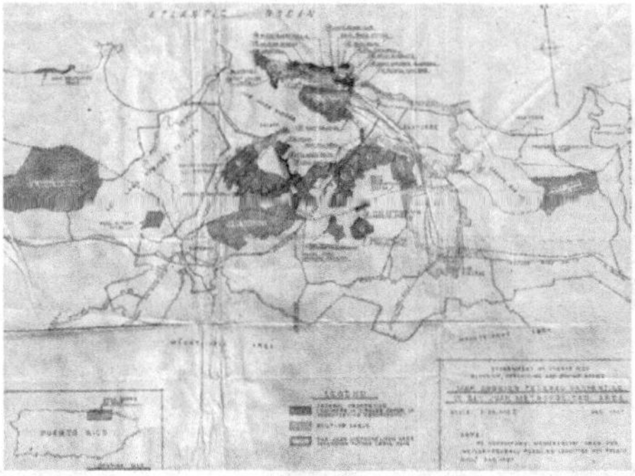

Mapa 10: Propiedades militares San Juan (1947) [59]

Ante la vulnerabilidad de Estados Unidos a un ataque por Alemania o Japón, el establecimiento de bases en el Caribe tomó primordial importancia a mitad del siglo XX. Puerto Rico entonces era definido como el "Gibraltar" del Caribe al ser un punto estratégico impactando la transportación marítima de materiales como el petróleo por el Canal de Panamá, sin el cual todo ejército estaría inmovilizado.[60] Luego de un estudio de la isla en 1939, Punta Borinquén en Aguadilla fue determinado como el lugar idóneo debido a la alta presencia de malaria en el resto de la isla, la ausencia de humedales, la poca lluvia y un viento favorable que permitía el despegue de aviones el 90% del tiempo.[61]

Inversamente, el surgimiento de los ICBMs[62] décadas después hizo obsoleta su función durante los choques con los soviéticos, dando a su clausura entre el 1973 y el 1974, cuando también se transfirió la isla de Culebra a control civil puertorriqueño. Algunos militares como el General T.R. Milton lamentaron el cierre de tan excelente base, mientras que otros celebraron con júbilo su salida.[63]

Cierto es decir que el cese no fue automático, y las fuerzas armadas resistieron la movida que surgió posterior a la persistente insistencia desde 1961 por el Gobernador Luis Muñoz Marín. El gobernador PPD continuamente le reclamó al gobierno federal una reevaluación de instalaciones militares cubriendo 3,196 acres[64] en una isla tan sobrepoblada, primero al Presidente John F. Kennedy y luego a su sucesor Lyndon B. Johnson junto a su asistente Abe Fortas.

Para 1964 Muñoz Marín pudo declarar victoria, pero entonces Vieques aún se consideraba demasiado importante para soltarle las riendas.[65] Se estableció un plan de estudio federal, que recomendó establecer un *Science and Technology Center* en toda la propiedad, donde previamente se habían almacenado poderosas bombas atómicas de hidrógeno.[66] Aunque la mayoría del terreno se mantuvo cubierto por densa jungla, se habían construido suficientes facilidades que drásticamente reducía los gastos iniciales de tal hazaña.[67]

Los surfers de la base a mitad de siglo, por razones obvias, no hacían su presencia muy conocida; durante una guerra mundial donde el futuro de la democracia global está en peligro, lo menos que uno se va a estar enfocándose es en un evento recreativo.[68]

Pero lo militar ayudó a establecer el perfil geográfico del deporte en la isla, tanto en lugares donde se practicaba y en donde no se hacía también. La importancia de la Base Naval Roosevelt Roads en el área de Ceiba al este de Puerto Rico, por ejemplo, fue de tal grado, que aún hoy los puntos conocidos del deporte se concentran en la costa oeste de Puerto Rico en vez del lado contrario, claramente revelado por los mapas del *The Surf Report* de la revista *Surfer* durante los 1980.

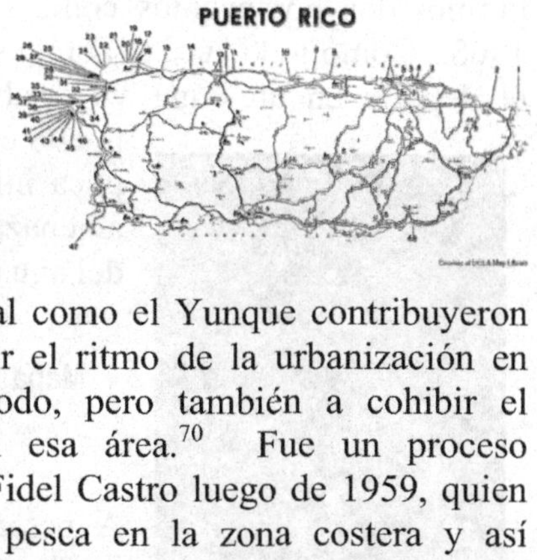

Mapa 11: Puntos de surfing en Puerto Rico (1982) [69]

La presencia de la base Roosevelt Roads junto a las áreas de reserva forestal como el Yunque contribuyeron favorablemente a disminuir el ritmo de la urbanización en esa zona durante el periodo, pero también a cohibir el desarrollo del surfing en esa área.[70] Fue un proceso semejante al gobierno de Fidel Castro luego de 1959, quien cercanamente controló la pesca en la zona costera y así preservando su rica vida marítima. En el 2003, la costa de Cuba recreaba las aguas de Isla Verde existentes durante la década de 1950.[71]

Foto 4: Base Naval Roosevelt (1963)[72]

No podemos concluir, como diría cualquier surfer de Luquillo, que hay una ausencia de puntos de surfing en la región, como demuestra el reconocido punto Seven Seas en la franja de Luquillo. Tampoco podemos saber si el énfasis del desarrollo del surfing en la zona oeste, como Rincón, fue meramente una distracción para que no se le diera atención a un área restringida que albergaba una de las bases estratégicas más importantes de Estados Unidos como lo fue la base naval Roosevelt Roads.

Simplemente, hemos de notar el hecho que la exploración, conocimiento y desarrollo del surfing en la costa este no ha tenido el mismo auge que el de puntos occidentales como Rincón, que fueron tempranamente promovidos por eventos como la competencia mundial de 1968. Como todo surfer sabrá, es mucho más fácil practicar el deporte en un lugar ya establecido, que descubrir uno nuevo en un local desconocido con poca información—incierto de sus amenazas y peligros, dentro y fuera del agua.[73]

Mapa 12: Punto de surfear "Seven Seas"[74]

A pesar de su sigilosa presencia, las fuerzas militares tenían equipos de natación que competían con otros en la isla, tales como los de diferentes hoteles. Antonio Betancourt, líder del nado corto en San Juan[75], solía ir a competencias que se realizaban en la Base Ramey. De acuerdo a este, nunca llegó a conocer otro surfer en el otro lado de la verja cultural en la década de 1960.[76] No cabe duda que las competencias de natación ocurrieron tan temprano como 1944, con los *Antilles Department Swimming Championships*; por ende existe una alta probabilidad que un surfer hubiera ya estado practicando el deporte desde entonces, como sugirió Miguel Meléndez.[77] Curiosamente, Betancourt llegó a darle clases de surf a norteamericanos que se encontraban en la zona metropolitana: una anomalía a la transferencia cultural en sus contornos mayores.[78]

Foto 5: Betancourt en competencia de natación[79]

Eric Friedman indica que hubo una piscina de 50 metros en la Base Naval de Miramar, zona en donde también se ubicaba un club de oficiales.[80] Su padre Harry Leonard Friedman fue buzo para la Marina de Estados Unidos, dando clases tanto en esa piscina de la base como en el viejo Club Náutico donde la Marina tenía una sección dedicada a la práctica del buceo, para ese entonces caminando debajo del agua usando cascos de cobre a lo Jules Verne. Algunos nadadores que fueron entrenados en esa base llegaron a convertirse en surfers, como "Kacky" Julia[81]—aunque sus nombres por lo general quedan en el olvido.[82]

Foto 6: Triunfadores en surfing (1965) [83]

De semejante manera a la influencia militar estadounidense en Puerto Rico, que sirvió de protección contra la ocupación de la isla por otros rivales al otro lado del mundo,[84] los programas de desarrollo económico establecidos por Luis Muñoz Marín también integraron más cercanamente a la isla al ámbito económico de Estados Unidos durante la segunda mitad de siglo.

Las primeras fases de la Operación Manos a la Obra dio a la creación de trabajos necesarios mediante la importación de centros de manufactura a la isla.[85] El número de centros de manufactura creció rápidamente durante una sola década, desde 114 en 1955 hasta 1,100 para 1965, los cuales eran doblemente rentable que aquellos ubicados en el continente.[86] Sin duda, tales reclamos econométricos entonces no tomaban en seria consideración los costos de sus externalidades, como la contaminación ambiental.[87]

Junto a este aumento en la manufactura, Puerto Rico también llegó a convertirse en una meca de turismo estadounidense, creciendo de $22M en 1955 hasta $96.4M durante el mismo periodo.[88] La hábil construcción de sus hoteles, como el Hotel Puerto Rico Sheraton, fue fuente de enorme orgullo para Cesar Calderón.[89] El desarrollo económico, sin sacrificar la "personalidad puertorriqueña" era clave de la prosperidad boricua; "Puerto Rico no es un reguerete de gente desparramada sobre una Isla, sino un pueblo constituido, orgulloso de sus raíces, de su cultura, de sus tradiciones, de su capacidad para hacer y compartir el bien".[90]

Este crecimiento, en el contexto de la Guerra Fría que inmediatamente siguió los pasos de la Segunda Guerra Mundial, permitió que se utilizara a la isla como una muñeca de vitrina al mundo entero, recibiendo 13,000 visitantes observadores de 126 países en esos años.[91] La fría guerra se combatió tanto al nivel informático como militar.

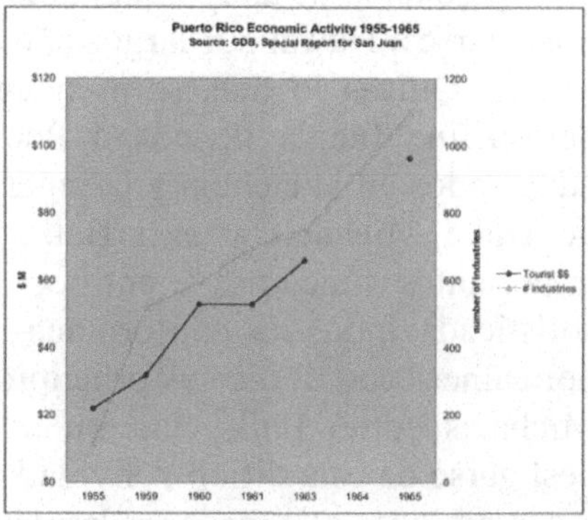

Gráfica 5: Actividad económica de San Juan (1955-1965)[92]

Ante estos dos crecimientos generalizados, los centros de manufactura y los centros turísticos, la cultura del surfing se fue rápidamente desplazando en la isla mediante un contacto mucho más directo y personal de aquel que pudo haber existido en los restringidos centros militares como la Base Ramey en Aguadilla.[93]

Por un lado, los nuevos hoteles crearon empleos necesarios para muchos puertorriqueños con natural afinidad al mar. Por otro lado, la migración del personal profesional necesario para correr dichos centros de manufactura y servicios aledaños trajeron consigo sus hijos e hijas, quienes llegaron a incorporarse a la sociedad puertorriqueña, algunos con una mayor envergadura que otros. Mientras que la primera generación de surfistas, los "*Legends*", usualmente estuvieron ligados al sector hotelero, la segunda generación de surfistas en la isla—los jóvenes que llegaron a competir en la Competencia Mundial de Surfing de 1968—por lo general estuvieron ligados al nuevo complejo manufacturero estadounidense en la isla.

Casos particulares en este esquema general, tal como el del humilde afro puertorriqueño Jorge Figueroa—mejor conocido por su famoso apodo "Machuca" entre los surfistas—entraron al mundo del surfing encajados por estos dos grupos sin que tuvieran su propio núcleo social de compañeros compartiendo sus mismas realidades sociales, o su *cohort*.[94] En contraste, otros como "Papito" y "Naldo" del Residencial Llorens Torres establecerían tempranamente un cercano núcleo de apoyo que también les serviría de ayuda al trasladarse a Hawai por largos años.[95]

Quizás lo más sorprendente de la difusión externa del surfing fue la llegada a Puerto Rico de californianos adiestrados en la ciencia y la ingeniería, tal como fue el caso de Duke Michaels y Bill Balk. Ambos habían ocupado importantes funciones científico-tecnológicas dentro de la sofisticada industria californiana—el motor de crecimiento norteamericano desde sus principios como nación. Pero tanto Michaels como Balk vinieron a la isla precisamente para desligarse de esta difícil actividad e industria. Balk solía ver a sus amigos saliendo para la playa en California a surfear, mientras que el tenía que dirigirse al trabajo en la industria aeronáutica como ingeniero. En su retiro temprano, Michaels y Balk sirvieron como mentores en el deporte, tanto para los jóvenes surfers boricuas, así como para los estadounidenses.

Otros puertorriqueños, como José Rodríguez Reyes, de la alta clase económica puertorriqueña cuya familia había sido propietaria de enormes porciones de tierra en Isla Verde durante el periodo colonial español[96], también tomaron ventaja de los propicios cambios culturales que estaban ocurriendo durante la década.

Lo cierto es que todos estos grupos entraron a un Jardín del Edén marítimo durante el periodo, 1950-1968, debido a que las costas marítimas habían sido relativamente abandonadas por los puertorriqueños. Los primeros surfers ocuparon jardines acuáticos que habían sido cedidos por la población general debido al temor que le tenían a los mares, como implica la cita de Monty Smith. Incluso, la millonaria creación de balnearios como del Tuque tendían a resultar en enormes pérdidas financieras, tanto públicas como privadas.[97]

Foto 7: La "Ventana al Mar" en 1965 [98]

Casi todos los entrevistados comentaron de una manera u otra la poca presencia de los boricuas nativos en las aguas del Océano Atlántico para la década de 1960. Los boricuas particularmente evitaban los mares durante los periodos más activos de surfing, durante el invierno, mientras que tendían a atender sus costas cuando se calmaba, durante el verano. La noción que la playa era un lugar de peligro "se le había metido en la mente", como destacó Betancourt, quien luego se dedicó a ir a las escuelas a ofrecer charlas para contrarrestar esta irracional tendencia e histórico patrón cultural. El típico chapuzón que se da durante la Noche de San Juan era solamente eso: un breve zambullido al mar con casi toda la ropa puesta, no muy distantes a los que ocurren durante los bautismos de niños. No son extendidas interacciones con las aguas marítimas sino un rápido saludar de lejitos.

Las revistas turísticas del periodo, tal como *¿Qué Pasa?* comenzando desde 1949 precisamente usaban este hincapié para destacar la calidad idílica de las playas de Puerto Rico. Estas fomentaron el crecimiento hotelero y un consecuente aumento económico, leve que actualmente fuese, en la isla.

De acuerdo a sus páginas, los puertorriqueños miraban con horror a los norteamericanos que nadaban en los meses que terminaban en "*er*" en inglés—entiéndase los meses de invierno desde septiembre hasta diciembre[99], la primera mitad de la temporada anual de surfing en Puerto Rico.[100] Las imágenes de idílicas playas de Luquillo, abundantes de sol caliente, cielo resplandeciente, blanca arena y verdes palmas de coco con aguas plácidas y tranquilas, tentaban al norteamericano de zonas templadas a visitar la isla y disfrutar de sus beneficios tropicales.[101] Que los turistas norteamericanos tuviesen las playas y las olas solitos para si mismos fue uno de los mensajes implícitos en esos anuncios.

Mirando esa época desde el punto de vista contemporáneo, donde el tapón comunal a veces extiende la ida y llegada al trabajo por más de una hora, tenemos que ciertamente decir que esos años fueron idílicos. Aún cuando nos alejamos de la playa, vemos calles casi vacías en las fotografías de la época; el "tapón" podría consistir quizás de unos 10 carros, si mucho. Aún cuando había tráfico, era poco cuando lo comparamos con los enormes tapones de hoy.[102]

Condado e Isla Verde en los 1960 era un lugar icónico, carente de la muralla de condominios que hoy tapan la vista al mar desde la carretera principal—muy en contraste con Waikiki en Hawai donde no hay edificio alguno que obstaculice la vista de la carretera colindante al mar. Habían tan pocos automóviles en esos años que los surfistas podían estacionar sus automóviles casi a la orilla del mar, que ayuda explicar porque Pine Grove se convirtió en un criadero de surfers puertorriqueños. El fácil acceso y el estacionamiento gratuito reducía los costos de la práctica del deporte de quienes no venían del área.

Foto 8: Pine Grove en Isla Verde (circa 1966) [103]

En los años de 1960, el área de Pine Grove se asemejaba al ambiente de Malibu de mitad de siglo, previo a la explosión popular del deporte luego del filme "*Gidget*" (1959).[104] Tenía un parecido a la jovial experiencia de la actual heroína

Kathy (Gidget) en la playa, donde el joven 'Terry Tubesteak Tracy' le daba lecciones de surfing a cambio de sándwiches y se hacían inolvidables fogatas junto a quien luego se convertiría en la icónica Marylin Monroe.[105] Toda el área de Isla Verde, destaca Ángela Abbatiello, era principalmente casas de residencia, con uno o tres condominios si eso, convirtiéndolo en un paraíso de libertad juvenil.

Su tono podría ser caracterizado como pastoral, que se contrasta con la naturaleza o "*wilderness*"—en el cual la vida de uno podría correr peligro. Pine Grove se convirtió en un sitio memorable de saludable deleite para los jóvenes buscando explorar el mundo, establecer amistades por vida y definirse a si mismos. Las descripciones se asemejan al drama de la película "*Breakfast Club*" (1985) en el cual los jóvenes se enjuntan en inolvidables lazos emotivos de amistad que perdurarían toda la vida.

Pero la casa con la cual todo surfer soñaba estaba ubicada justo frente del punto de surfing Pine Grove se llamaba la Casa Valencia. Los hijos de la familia Valencia, incluyendo a Ed y a Mary Constance ("Connie") quienes estudiaron en la *St. John's School,*[106] eran surfistas. Su casa de playa llegó a convertirse en uno de los puntos principales de encuentro de aquel entonces (1960s).[107]

Omar Foglia realizó el sueño de su vida una década después cuando, por puro accidente, logró alquilar el hogar durante los 1970. Foglia pudo surfear con regularidad en los arrecifes bordeando la Punta de Cangrejos, el icónico '*spot*' Caballos, ya fuese por catamarán o a puro pulmón—al igual que también establecer su primer taller de manufactura de tablas de surfing. Tomar la decisión de mudarse del local, al estar comenzando una nueva familia e iniciando una nueva etapa de vida, fue un día doloroso.

Foglia y otros relatan la abundante presencia de pinos en el área y sus características semillas que hincaban los pies al cruzar hacia la playa. Rodríguez Reyes, quien luego incursionó en el comercio de catamaranes Hobie, solía dejar los botes sobre la arena.[108] Para la joven comunidad estadounidense, el icónico punto de encuentro fue el "*Barn*" de Monty Smith, relatos caracterizados también por estos tonos de inolvidable compañerismo.[109]

De semejante manera, la vida marina que había en las aguas de San Juan era tan diversa, amplia e impresionante, que podemos declarar sin duda alguna que durante el último medio siglo ha ocurrido un colapso ecológico en la región. La zona de Cangrejos en Isla Verde en particular fue un lugar de muchos recuerdos inolvidables. Cuando Richard Bloomquist surfeaba Caballos, casi se convierte en un nuevo Jonás luego de que una enorme ballena jorobada surgiera de la nada hacia la superficie, justo a donde Bloomquist esperaba una ola. Por su parte, José Rodríguez relata que un día buceando sin tanque vió una enorme colonia de langostas tan grande que parecía estar constituida por cientos o miles de individuos.[110]

La pesca era tan buena, que jóvenes emprendedores como José Rodríguez y Benjamín Meléndez podían hacer $20 de un solo esfuerzo, vendiéndole a los restaurantes de comida de mar que entonces existían en Isla Verde. Meléndez de por si se destacó en el deporte de la pesca marina, otro ámbito en el cual gano reconocimiento en 1969 por la Federación de Pesca Deportiva de Puerto Rico.[111]

Foto 9: Meléndez con buena pesca[112]

Aunque el fenómeno del colonialismo estadounidense puede ser utilizado para explicar la inicial llegada del surfing a Puerto Rico, dándonos relativamente firmes matices con respecto a su procedencia, es claro que no sirve como factor definitorio explicativo sobre la expansión casi-exponencial del surfing en la isla pocos años después. La razón de esta observación se debe a que la explosiva expansión del surfing no fue exclusiva a la isla, sino que ha sido bien documentada a través de todo el mundo, subestimando de esta manera tal explicación.[113] A pesar de que el siglo XX ha sido denominado el siglo (norte) americano, así como el siglo XIX fue el siglo británico, no deberíamos de otorgarle más poder, influencia o control a Estados Unidos del que actualmente tenía. Por lo tanto, al momento todavía no existen buenas explicaciones históricas del fenómeno—uno que se asemeja a las decenas, cientos y miles de ondas secundarias que rápidamente se forman en un charco luego del caer de una roca en su centro.

Una vertiente que podríamos tomar son los medios de comunicación. Su desarrollo tecnológico y expansión global de la que todo adulto mayor ha sido testigo: la radio, el televisor, el internet, y las redes sociales.[114]

Bien es conocido que la película "*Gidget*" en el 1959 fue punto de partida para el drástico crecimiento del surfing en California. La película estuvo basada en la novela de Frederick Kohner (1957) el cual capturaba los vaivenes de su hija Kathy, quien surfeaba en Malibu junto a figuras como Mike Doyle y Mickey Dora.[115] La trivial película fue tan exitosa que resultó en múltiples secuelas como "*Gidget goes to Hollywood*" o "*Gidget goes to Rome*", al igual que lanzó la carrera del actor Cliff Robertson, hermano del innovador shaper David Sweet.[116] El vínculo entre los dos hermanos era más directa de lo que podemos suponer.

El enorme crecimiento en la demanda por las tablas de surfing generado por la película creó una crisis de subastos de balsa, lo que a su vez ayudó a promover la adopción del poliuretano como base principal de las mismas—un "problema" que toda empresa de manufactura quisiera tener. Como hemos visto, Sweet fue uno de los primeros shapers en la creación y utilización del material para la producción comercial de las tablas, llamadas "*Dave Sweet Surfboards*" en 1956.

El filme "*Gidget*" arribó a Puerto Rico un año después de su estreno norteamericano, un tiempo de espera en la isla típico de los estrenos del siglo pasado. El 30 de enero de 1960, estaba siendo ofrecida en el *Internacional Drive-In Theatre* en la Carretera #2 de Bayamón—durando solamente unos pocos días, aparentemente por la falta de atención. Dos años más tarde, "*Gidget Goes Hawaiian*" aparece también en el mismo teatro, con dos tandas a $1.50 por carro. Para el 1964 también vemos a "*Gidget goes to Rome*" en las salas puertorriqueñas de la época como el Cobian.[117] Películas de semejante índole, como "La Furia de Tarzán", con el nadador olímpico Johnny Weissmuller también estaban apareciendo en la pancarta puertorriqueña, del Teatro Kresto-Denia.[118] Ese mismo año sale "*Beach Party*" con Bob Cummings cual aparece estrenándose en el Teatro Oller de Bayamón.[119]

Aunque estos filmes tuvieron un enorme impacto en California, sería erróneo presumir que su impacto fue de igual magnitud y escala en Puerto Rico. Su influencia puertorriqueña, de hecho, fue mínima y hasta casi no existente. La película clásica más eminentemente surfista, "*Endless Summer*" (1964), no parece haberse estrenado en la pancarta popular del cine puertorriqueño hasta la celebración del *World Surfing Championship* en 1968, lo cual es indicativo de las actuales dinámicas de difusión cultural que se estaban dando en la isla.[120] Los miembros de los "*Legends*" puertorriqueños entrevistados al igual que la segunda generación de surfistas puertorriqueñizados que le siguió señalaron que, en general, no fueron influenciados por estos filmes al ya haber estado practicando el deporte. No es decir, por supuesto, que necesariamente se ausentaron de sus estrenos.[121]

Para la primera generación, el surfing surgió como un fenómeno evolutivo de su previa participación en los deportes acuáticos como la natación y el clavadismo.

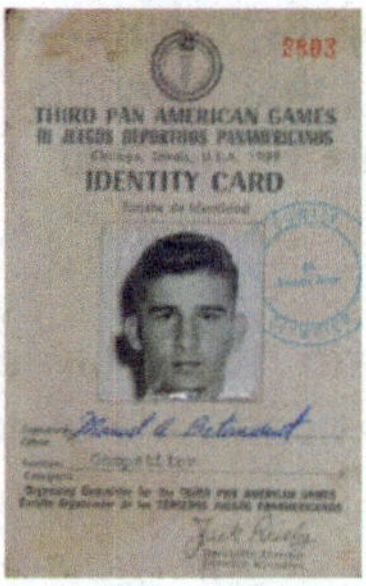

Foto 10: Betancourt en Juegos Panamericanos (1959) [122]

Antonio Betancourt, quien rutinariamente ganaba competencias de natación, tal como las celebradas en la Bahía de Cataño, llegó a asistir múltiples competencias mundiales como los Juegos

Panamericanos de 1959 en Chicago y los Juegos Centro-Americanos de 1962 en Jamaica.[123] Fue durante estos juegos que llegó a conocer a otros nadadores que se habían hecho famosos en la pancarta estadounidense, tal como Johnny Weismuller (*Tarzan*), Buster Crabbe (*Flash Gordon*) y la inspiración de todo surfer en aquel momento: Duke Kahanamoku.[124]

Foto 11: Betancourt con Johnny Weismuller[125]

Kahanamoku en aquel entonces le instó venir a Hawai para surfear, pero fue una oferta que Betancourt declinó al notar la buena calidad de olas en las costas puertorriqueñas. Tan buen porte físico desarrolló, que pudo ganarse ingreso adicional como modelo de anuncios en las revistas de farándula popular estadounidense como la *Seventeen*, semejante al caso de Buzzy Kerbox, buen amigo de Mike Doyle con quien increíblemente nadó alrededor de una isla hawaiana.[126]

Foto 12: Anuncio en revista *Sixteen* con Betancourt[127]

Su amigo Benjamín Meléndez, por otro lado, ganó múltiples premios como clavadista. Tan temprano como el 6 de mayo de 1961, ganó el segundo premio en clavadismo, ganando competencias hasta el 1964 para la YMCA, una competencia nacional realizada en Nueva York. Las competencias en Puerto Rico se daban en las piscinas de varios lugares, tal como la de Country Club, Caparra, Hotel la Concha y en la piscina de Ramey.

Todos los fines de semana tenían competencias, dando a que el Sr. Meléndez se pasara practicando en el trampolín de su casa, junto a su esposa, para perfeccionar sus impresionantes despliegues en el aire.[128] Sinergísticamente participó también en competencias de gimnasia junto a José Luis Miranda, luego de haber competido en los Centroamericanos de Jamaica.[129]

Foto 13: Clavado de Mélendez en competencias[130]

Ambos trabajaron en un punto para el reconocido Hotel la Concha.[131] "Beta" como le llamaban a Betancourt en esos años, al igual que "Benji" (Meléndez) laboraban como salvavidas junto a otros amigos. Este ámbito les proveyó no tan solo el pan de su diario sustento sino también un ágil acceso a las herramientas y lugares del deporte del surfing. Sabían en todo momento si habían olas con tan solo mirar.

Benjamín dejaba su tabla en el estacionamiento del hotel, y se tiraba a La Ocho cuando había una buena marejada antes de regresar a su hogar. Otros, como su hermano Miguel, no tendrían tan fácil acceso a la información y conveniencia al estar mas distantes de la playa.[132] Aunque originalmente se iba a las playas del Condado para hacer '*bodysurfing'*, el área del Sheraton se convertiría en criadero de futuras generaciones del surfing durante la próxima década del 1970 como Michael Gutiérrez, Peter Godfrey, Carlos Nichols y otros quienes donde también practicaban el *skateboarding* cuando no habían olas.[133]

Este tipo de trabajo como salvavidas en los nuevos hoteles era más difícil de lo uno se imaginaría. Aunque los "*Legends*" la pasaban bien realizando intrépidos actos aeróbicos sobre el agua de las piscinas como payasos acuáticos para la audiencia hotelera, podemos describir su trabajo como uno lleno de incertidumbre y un arbitrario vaivén de los administradores a cargo.

Meléndez, quien iniciaba una familia en esos años, trabajó en múltiples hoteles debido a los molestosos atropellos administrativos que sufría. Entre ellos están el Hotel San Juan, donde inició su carrera; el Hotel La Concha, el Caribe Hilton, el Condado Plaza, el Hotel Ponce de León, y el San Jerónimo Hilton. Meléndez, quien había estudiado imprenta en la Escuela Vocacional Miguel Such, continuamente sufrió atracos de los '*pool managers*' anglosajones, quienes lo ordenaban a una hazaña distante de la piscina, en lo que ellos recogían su merecida propina.[134] La buena fe boricua a veces era subvertida en Puerto Rico por nuevos *carpetbaggers* estadounidenses que llegaron durante el siglo XX.

Como hemos visto, en esos años tempranos, tan carentes de recursos, herramientas e información resultó en un mayor compañerismo entre sí del que tiende a verse hoy. Por ejemplo, al haber pocas tablas en aquellos años, Betancourt amablemente compartía la suya con sus amigos—a pesar de la dificultad personal que conllevaba dicha convivencia. Careciendo de '*leashes*', las duras y espesas tablas tendían a chocar contra las rocas cuando el surfer se caía de su tabla, dándole los múltiples *dings* y puntas irregulares que las caracterizaban.[135] Cuando se practicaba el deporte en lugares con altas olas y de algún peligro como en la Garita del Diablo, Betancourt y su amigo "Conejo" (Aniro Irizarry) velaban tanto por la tabla como por si mismos. Uno surfeaba la sesión sin estorbo alguno en lo que el otro esperaba en la orilla.[136]

Foto 14: "Beta" y "Conejo"[137]

Cuando 'Conejo' alegó haber construido una segunda tabla, Betancourt sintió algún alivio al poder compartir el peso con otro; lamentablemente, su felicidad no duraría mucho. Luego de que la segunda tabla se partiera por la mitad al ser pobremente construida por Conejo, hubo un regreso al previo estatus quo.[138] Esta experiencia parece haber impactado profundamente a Betancourt, quien como adulto se convirtió en líder laboral para la *International Ladies Garments Union* en Estados Unidos. Betancourt inicia su familia, así como su carrera profesional en 1968, año del Campeonato Mundial. Se muda de Puerto Rico en 1969, justo cuando su esposa tuvo su primer bebe.

Meléndez se enlistó en el ejercito en 1961; al regresar, tuvo la grata sorpresa de encontrar a su amigo Betancourt iniciándose en el surfing. "Beta" relató que un día en el 1962 luego de su entrenamiento como salvavidas por Gilberto Suárez, pasó por la parada #5, cuando vió por primera vez unos surfistas norteamericanos en el agua. Compró una tabla Hobie de Gary Hoyt y al próximo día ya estaba surfeando en Condado por lo que ahora se conoce como la 'Ventana al Mar'—entonces protegido por enormes peñones que luego fueron irracionalmente demolidos.

Foto 15: Oleaje de trasfondo en la "Ventana al Mar"[139]

Meléndez también se compró una tabla de Hoyt—entonces tablones largos y pesados—y empezó a ir con alguna frecuencia a Pine Grove. A manera que progresó su habilidad en el deporte, al año siguiente se inició en La Ocho, considerándose como uno de los primeros deportistas en rutinariamente surfear el lugar.[140]

Sin duda, el desarrollo de Meléndez refleja un patrón que todo surfer de San Juan lógicamente seguiría por el resto del siglo, con sus leves variaciones: de Pine Grove a La Ocho, de La Ocho a Rincón, y de Rincón a la cuna del surfing en Hawai.[141] Mientras que la primera generación de surfers puertorriqueños ascendieron hacia la parada #2½ , el Capitolio y Los Tubos en Manatí[142], futuras generaciones se moverían a Aviones, Caballos y Hollows a manera que su habilidad se fortalecía y buscaban mejores olas y mayores retos.[143]

Aunque desconocemos cuales habían sido los surfistas vistos por Betancourt en 1962, Herlihy alega que el primer surfista en Puerto Rico fue un norteamericano llamado Sandy Sanders.[144] Sanders llevaba viviendo en la isla desde la Segunda Guerra Mundial, donde llegó a casarse con una puertorriqueña e incorporarse a la comunidad de Aguadilla. Cuando Herlihy y sus amigos no fueron atendidos en los colmados y tiendas del pueblo de Rincón en 1966, le comparte a Sanders lo ocurrido. Sanders se ri y les explica lo que estaba pasando.[145] En Rincón Herlihy también conoce al personaje "*Dogman's*", por el cual fue nombrada la ola "*goofyfoot*" que rompe al lado izquierdo de Marías. *Dogman* o "hombre de perro", llamado así por la enorme jauría de perros que cuidaba, iba al pueblo todos los domingos completamente vestido de blanco para asociarse y acogerse con la comunidad. [146]

Sea quien sea el primer surfer en Puerto Rico, sabemos que fue durante la primera mitad de la década de 1960 que la práctica autóctona del deporte se estableció en la isla. Para 1965 el deporte definitivamente se estableció con una pequeña comunidad de deportistas—solamente unos tres años antes del Campeonato Mundial de Surfing en 1968, dato importante que exploraremos más adelante.

El deporte tuvo algún auge durante la década de 1960, creciendo en múltiples focos independientes de si mismos. De acuerdo con Ángela Abbatiello, todos los hoteles de la época tenían tablones gratuitos que sus huéspedes podían usar.[147] Anuncios que regularmente aparecían en las revistas del periodo confirman su señalamiento—fenómeno que se agudizó hacia el final de la década. Ciertamente los tablones hoteleros no eran propicios para el deporte, e inicialmente tendían a ser usados para movimientos análogos de algunos bodysurfers principiantes: ir en línea recta hacia la orilla.[148] Podemos especular que, al explotar el deporte en Estados Unidos luego del filme "*Gidget*" (1959), los turistas estadounidenses trajeron consigo la expectativa de poder practicar un deporte que apenas estaba comenzando en la isla—lo que tuvo que haber propiciado a los hoteles a suplir tal demanda.[149]

Surfistas afro-puertorriqueños habilidosos como Jorge Figueroa (Machuca), quien vivía en Isla Verde aledaño a estos centros turísticos, no pareció haber tenido acceso a estos tablones gratis disponibles en los hoteles. [150] No obstante, nutrió sus prodigiosas habilidades mediante tablas prestadas de otros surfistas en Pine Grove como las de Tom Ferguson, quien vino a Puerto Rico junto con su hermano Ted cuando su padre, el reconocido especialista militar de la *bilharzia* Frederick Ferguson, arribó para reducir su incidencia.[151]

El fomento de la cultura del surfing de hecho fue nutrido dentro de los subgrupos sociales en vez de la población general. Tiendas como la "Tablas Hawaianas" en Isla Verde o las escuelas de la costa sanjuanera como la Robinson School en la Calle Nairn estrenaban películas de surfing que sus entusiastas devoraban privadamente. Antes de que el internet drásticamente redujera el costo de la transmisión de información, tales eventos privados fueron el medio más efectivo de difusión cultural, facilitando el acceso de información ante tan crónica ausencia en esos años.[152] Los entrevistados destacan los múltiples beneficios que ahora tienen las nuevas generaciones de practicantes, como la abundancia de información, que en su época carecían.[153]

Tanto Betancourt en el Condado como Rodríguez Reyes en Isla Verde usaban de sus recursos monetarios para proveer estrenos privados de películas de surfing obtenidas de California a sus compañeros. Les cobraban un precio módico de $1 - $1.50 a la pequeña audiencia para ayudar a sufragar los gastos.[154] Aunque no tenemos muchos detalles sobre este fenómeno, los entrevistados expresaron haber participado de estos estrenos privados en la anglosajona escuela Robinson, tal como Richard Bloomquist y Susan King. Meléndez relata que una noche de 1965 regresando de un evento familiar en Ponce con su hijo, decidió pasar por la escuela para ver uno de los filmes, el cual duró hasta media noche.[155] Eventos como estos unificarían a la temprana comunidad de surfers, ayudando a establecer cercanos vínculos y reputaciones comerciales antes de que se hicieran manifiestas, como las de Antonio Yordán.[156]

Foto 16: Frente de Robinson School (1965)[157]

Tal fue el auge de las películas de surf en la escuela Robinson durante esos años que los surfers tendían a dejar sus tablas dentro de los patios principales de la escuela metodista.[158] Teniendo el permiso para salir de la escuela durante el almuerzo, muchos hasta se tiraban a surfear en las playas aledañas del Condado.

Debido a que los distantes arrecifes se pueden ver desde el segundo piso donde estaba ubicada la capilla, se podía saber fácilmente la presencia de marullos en esa costa norteña al notar el nivel de espumero—patrón que nosotros durante los años 1980 también seguiríamos.[159] Se alega que para la década de 1970, casi uno de cada cuatro estudiantes en la secundaria de Robinson practicaban el deporte—cifra que decayó para la década de 1980 en la cual todos los surfers se podían contar con una sola mano.[160]

De igual manera podemos señalar que las revistas de surfing que se compraban en la isla, tal como *Surfer*, fundada en 1962 por John Severson,[161] y luego *Surfing Magazine*, establecida dos años mas tarde por Dick Graham,[162] se convirtieron en uno de los vehículos más importantes para obtener información sobre el deporte—dinámica que también ocurrió durante la década de 1980.

A pesar de su indudable importancia, hemos de destacar que, al ser escrita en inglés, no era de fácil acceso local para algunos, por ende, limitando la envergadura de su impacto. Néstor Ramírez, legendario fundador y shaper de Pelícano, describe que pidió un manual para hacer tablas de la revista, pero al estar escrito en inglés, se le dificultó el aprendizaje.[163] Aunque es mucho más fácil mirar una foto e impresionarse con el tamaño de la ola o la impresionante espuma del logro atlético, nunca será lo mismo que leer una detallada descripción y perspectiva de un evento. Incluso, descripciones personales de eventos inusuales, tal como el de la ola más grande que llegó a tomar Greg Noll en Makaha (Hawai), nos da una mejor idea del evento que cualquier fotografía provista de ese momento.[164]

Aunque el deporte fue creciendo durante la década del 1960 en la isla, creció paulatinamente. Un '*crowd*' o multitud de una playa podría consistir en 15 personas. Los surfers norteamericanos también empezaron a tener mayor familiaridad con el alto calibre de las olas puertorriqueñas, abonando al aumento de la práctica del deporte.

Se disputa quién descubrió a Rincón como punto de surfing. Rodríguez Reyes arguye que una película de Phil Wilson con los surfers Johnny Paine y Butch Linden fueron quienes primero descubrieron a Marías y a Domes en 1964.[165] Miraron un mapa, notaron que la esquina noroeste creaba una sombra de viento '*offshore*', y se dirigieron para el área junto con Rodríguez. Al bajar la colina, vieron unas lindas olitas de 6 pies, rompiendo "de película," resultando en un día paradisíaco inolvidable. Rincón le gustó tanto a Rodríguez, que llegó a conseguir una casa en el pueblo, donde iba todos los años, empezando un patrón que perduró una década.[166]

Las películas irónicamente llegaron a crear la realidad que querían capturar: un paraíso acuático a los pies del charco americano. Dos años después de su descubrimiento, las revistas de surfing de la costa este de Estados Unidos, como la *Atlantic Surfing* estaban publicando ediciones especiales sobre el buen oleaje en la isla.[167] Es importante destacar que en Australia, revistas del deporte ya habían empezado a aparecer desde 1917[168], tal como *The Surf*, mientras que revistas puertorriqueñas como *Low Pressure*, *Mundo Rad* o *Primera Ola* tardaron más de 40 años en que fueran establecidas.[169] El surfing en Puerto Rico fue una co-construcción estadounidense, fuera de control de los primeros surfers boricuas que llegaron a participar en ella.

Otro factor que dio al rápido crecimiento del surfing en esos primeros años fue la institucionalización del deporte mediante las competencias. Estas contribuyeron a la expansión del surfing en la isla en una dinámica que, de manera retroalimenticia, también llegó a degradarlo con el pasar de los años debido precisamente al éxito de su comercialización.[170] El drástico aumento de ganancias por las tiendas locales irónicamente implicaba una mayor congestión de surfistas en los puntos de surfing metropolitanos, que empeoraba la experiencia del deporte.[171]

Los surfers que llegaron a establecer las primeras tiendas de surfing, tal como José Rodríguez, tuvieron la enorme ventaja de correr la ola de su crecimiento comercial desde sus inicios, estableciendo el modelo que luego utilizaría Monty Smith y su *Island Watersports, Inc.* durante la década de 1970 y a Antonio Yordán con *Playero, Inc.*

durante los 1980s.[172] Estos exitosos emprendedores tuvieron la ágil ventaja de ser pioneros, al igual que ser celosamente vistos como rivales por aquellos deseosos de su éxito comercial. Todos promovieron la competencia entre equipos que naturalmente aceleraba sus ventas y clientes por razones obvias.[173] Importantes competencias se dieron en el área de Baja Mar.

Hoy, una de las playas más concurridas para la práctica del surfing en la zona metropolitana es La Ocho. Esta es accesible mediante el Escambrón, centro deportivo que antes tenía una piscina olímpica la cual utilizábamos para práctica del equipo de natación de Robinson durante la escuela secundaria. Las estructuras de 'roca' que caracterizan el área y casi toda la costa norte en Puerto Rico son viejas dunas que se solidificaron a través de miles de años, dándoles su distintiva superficie filosa y 'puntiaguda'.[174] En la actualidad es pública y de fácil acceso, así como el estacionamiento—gracias a los esfuerzos del entonces gobernador Roberto Sánchez Vilella. Este confrontó a Félix Benítez Rexach para su "nacionalización" luego de la partida militra. Benítez Rexach fue fundador del Hotel Normandy y entonces dueño del *Escambrón Beach Club*, comúnmente frecuentado a mitad de siglo por importantes figuras puertorriqueñas de la época.

Mapa 13: Club de Oficiales en el Escambrón (1947)[175]

Aunque algunos surfers detestan La Ocho por su grandes pero tranquilas olas que no rompen con la misma intensidad de Pipeline, data de cuarenta años (1979-2018) analizada por CARICOS revela que los enormes e idóneos oleajes del noroeste vienen a una frecuencia menor al 10% del tiempo.[176]

No obstante, cualquier surfer que ha tenido la buena fortuna de surfear estas enormes y perfectas olas durante estos raros e inusuales momentos sabe cuan especial puede ser el lugar, otro pequeño Jardín del Edén. Esto es el caso particularmente si los demás surfers, pensando que las olas van a estar muy grandes, se trasladan a otras partes de la isla como Marías (Rincón) o Wilderness (Aguadilla) antes de primero haber verificado con sus ojos las olas de su propio vecindario. Nos tendemos a cegar por el imaginario popular o lo que nos dicen nuestros amigos en vez de la evidencia constatable ante nuestros propios ojos.

Gráfica 6: Orientación del oleaje en La Ocho (Escambrón)[177]

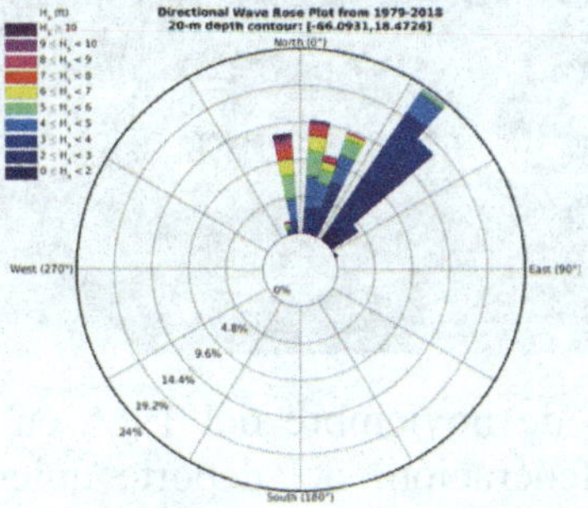

Para la década de 1960, La Ocho, nombrada así por la aledaña parada de guaguas #8 frente al Parque Luis Muñoz Rivera, era parte de un trío mucho más amplio que también incluían los puntos de surfing extendiéndose desde las paradas #2½ por el Capitolio y la Escuela de Medicina Tropical y la #5, aledaña a la Iglesia San Agustín.[178] La región entera, desde el Capitolio hasta la emblemática islita que define el punto y delimita al Escambrón, se llama Baja Mar.

Actualmente casi nadie practica el deporte en la La5 y en La 2½. Sin embargo, estos eran frecuentados con alguna regularidad por esa primera generación de surfistas puertorriqueños. Habían unos caminitos que bajaban desde la Ponce de León, al frente del Capitolio, dando relativamente fácil acceso a la playa—semejante al que también entonces existía para La Ocho.[179] En particular, el relativo fácil acceso a La Ocho invitaba a su participación, el cual en contraste con otros puntos como los aledaños al Capitolio siempre tenían poco estacionamiento—problema que seguiría expandiéndose a otros lugares como Pine Grove con el pasar de los años y el aumento poblacional de la zona metropolitana.[180]

Más sorprendente aún es el hecho que se celebraron competencias de surfing justo al frente del Capitolio de Puerto Rico—a tal punto que se formaban tapones por los inesperados espectadores que no se sospechaban se toparían con tan inusual actividad deportiva.[181]

Foto 17: Tapón concurso de Bajamar en 1965

El primero de estos eventos fue el "Primer Torneo Estatal de Surfing", celebrado el 6 de noviembre del 1965 en La Cinco. Pero no fue una 'federación' del deporte quien organizó el evento, sino la Asociación de Entrenadores de Natación de Puerto Rico. Contó con 75 concursantes, con sesiones de 30 minutos, cada uno participando con un uniforme enumerado. A cargo del evento fue George Kaeono, un hawaiano que entrenaba nadadores en Buchanan. Entre los concursantes hubo varios jóvenes norteamericanos de la isla—Gary Hoyt, Ted Ferguson, y Gregg Korweck—junto con los boricuas Beta y Conejo.[182]

Algunos de la siguiente generación de surfistas netamente boricuas, tal como Willie Julia[183] al igual que René González, conocido como "Crab", fueron iniciados al deporte en esta manera. González no tan solo llegó a competir en Brasil sino que fue Presidente de la Federación Puertorriqueña del Surfing por varios años. Un día mientras estaba en el carro con su padre, en dirección al Viejo San Juan, se encontró con el tapón a consecuencia del evento, dando a que González de Cerro Gordo se bajara del carro con los ojos asombrados y su cara boquiabierta. "Eso es lo que quiero hacer por el resto de mi vida.", se dijo González a si mismo.[184] Todo surfer ha tenido esa experiencia en algún momento de su juventud.

No esta muy claro la razón por la cual se practicaba de manera tan intensa el deporte en esa área durante la década del 1960. En comparación con Pine Grove o Sheraton, con rompientes olas sobre un llano y no-peligroso fondo arenoso, el oleaje de La 2½ es retante y peligroso. Betancourt indica que un día se asustó al notar un tiburón martillo dirigirse a su hermano en el área, que también practicaba el surfing. Cuando luego vió al tiburón dar un ágil turno para capturar su actual presa, una manta raya, sintió un gran alivio.[185] Cuando niño, la madre de Ernesto Zambrana le hizo prometer que nunca practicaría el deporte en Baja Mar, promesa que fielmente cumplió.[186]

Aunque hay una pequeña posa al bajar el leve acantilado, no hay un punto de fácil entrada y salida al mar, dificultado aún más con el explosivo subir de las olas. Algunos ciertamente testifican sobre la tentadora calidad del oleaje en la zona. Machuca de una segunda generación de surfistas, señaló que La 2½ rompe sobre una pequeña roca creando una buena pared 'de derecha'. Este le tiene 'respeto' debido a sus peligros y prefería otros puntos de la zona metropolitana. Un día luego de regresar de competir en la 1968 *World Surfing Championhips*, casi se ahoga y pierde la vida en La Ocho.[187]

Es probable que Baja Mar como lugar idóneo de surfing se edificó durante la década de 1960 al establecerse una de las primeras tiendas de surfing por el joven Gary Hoyt, situada cerca de la Iglesia San Agustín en dirección desde Viejo San Juan, aledaña a la parada #5.[188] De hecho, la famosa foto de las "Leyendas" que fue tomada en frente del Hotel La Concha da una falsa impresión sobre la playa donde los primeros participes regularmente practicaban el deporte. Todos de la foto[189] de hecho habían estado surfeando en La Ocho ese día, cuando un fotógrafo les pidió que se trasladasen al Hotel La Concha para la sesión fotográfica.[190]

Foto 18: Los primeros surfistas puertorriqueños[191]

En fin, cada región geográfica obviamente tiene sus características particulares que ayudan a definir sus particulares formas de interacción. Aunque ciertamente Puerto Rico no tiene las ventajas de Hawai—un archipiélago aislado en el medio de 160 millones de cuadradas de océano—podemos especular que de haber estado en el medio del océano, su realidad histórica probablemente hubiese sido más semejante a la Isla de Pascuas que a la de Hawai, rápidamente agotando sus recursos y desvaneciendo como sociedad y cultura.[192] No obstante, el estar debajo de la sombra del 'gigante del norte', como lo llaman lo mejicanos, implicó ciertas realidades geopolíticas que definieron los rasgos de su particular historia durante el siglo XX.

Es algo irónico considerar que, si para 1930 Estados Unidos intentó voluntariamente imponer un cambio cultural 'a machetazo' mediante la imposición del inglés en las escuelas primarias y secundarias[193], luego de 1950 el cambio cultural vendría sigilosamente mediante la llegada de un puñado de "*gringos hippies*" que buscaban escapar las duras realidades del mundo industrial al cual pertenecían—un "*flotsam y jetsam*'[194] que introdujo nuevas especies culturales que se incorporarían a la sociedad puertorriqueña, sembrando las semillas del cambio cultural.

Se podría llegar a sugerir que, como las sociedades secretas masónicas y otras de semejante índole quienes tenían sus reuniones clandestinas fuera de la vista del ojo estatal durante el periodo colonial, las decenas de presentaciones de películas en sesiones en residencias privadas, escuelas secundarias o en las pocas tiendas del deporte también tuvieron un carácter privado, lejos del ojo público y estatal. Pero la similitud obviamente no llega muy lejos debido a que la intención principal de estas pequeñas reuniones—el sano disfrute del ocio y el afán de lo que parecía ser un nuevo deporte marítimo—siempre fue muy diferente al de su contraparte. Irónicamente, estas inocentes reuniones privadas terminarían teniendo mayor impacto social que cualquier siniestro cambio de gobierno secretamente orquestado.

Este cambio cultural no fue detrimental a la isla. Todo lo contrario. El temor al océano, fundamentado por una compleja serie de realidades coloniales y mentalidades religiosas-hispánicas, era particularmente irracional al estar Puerto Rico situada entre el Océano Atlántico y el Mar Caribe—o el "mar océano" como lo llamaban los españoles durante el periodo colonial. Lamentablemente, el puertorriqueño común y corriente, al mirar solamente hacia el interior montañoso, se escapó de la abundancia de recursos y bellezas de las aguas que lo rodeaba. A pesar de vivir en un Jardín del Edén, demasiados puertorriqueños a través de su historia presumían estar ubicados en medio del infierno, al interior de la tierra, rodeado por monstruos, diablos y otras peligrosas entidades más imaginadas que concretas.

La Competencia de Surfing Mundial de 1968 en este sentido sería como una bomba atómica cultural que radicalmente aceleró los cambios culturales que ya habían estado empezando a tirar sus raíces luego de la Segunda Guerra Mundial.

Notas

[1] Entrevista Monty Smith.
[2] Manuel Cárdenas Ruiz, ed., *Crónicas Francesas de los Indios Caribes* (San Juan, Puerto Rico: Editorial Universidad de Puerto Rico, 1981); Charles R. Edwards, "Possibilities of Pre-Columbian Maritime Contacts Among New World Civilizations", en J. Charles Kelley and Carroll L. Riley, *Precolumbian Contact within Nuclear America* (Carbondale, Il: University Museum, Southern Illinois University. 1969), pp 3-10.
[3] Más aún, los autores sugieren que desplazarse directamente al sur de Puerto Rico sería más eficiente que remar de isla en isla en el Caribe oriental. Op. Cit. (109).
[4] Atlantic Meridional Overturning Circulation (AMOC).
[5] "Earth: a global map of wind, weather and current", 30 de julio de 2021, HTML: https://earth.nullschool.net
[6] José Seguinot-Barbosa, *San Juan, Puerto Rico: la ciudad al margen de la bahía (una visión geoecológica y jurídica)* (San Juan, Puerto Rico: Ramallo Bros. Printing Inc., 1997), passim.
[7] David M. Bush, Richard M.T. Webb, Lisbeth Hyman, José González Liboy, and William J. Neil, *Living with the Puerto Rico Shore* (San Juan, Puerto Rico: Editorial de la Universidad de Puerto Rico, 1995).
[8] No esta muy lejos señalar que también se pudieron haber utilizado como armamentos de guerra en caso de un choque marítimo.
[9] Favor ver discusión en el capítulo 2 de este libro.
[10] Ricardo Alegría, ed., *Documentos Históricos de Puerto Rico*, vols. 1-5, San Juan, Puerto Rico: Instituto de Estudios Avanzados de Puerto Rico y el Caribe, 2009, passim.
[11] Ibíd., vol 5, p2.

[12] Ibíd., "arte de marear" vol. 4, p. 215; "fustas pequeñas" vol. 1, p. 5. "…muchas vezes toman agua y no de ordinario por estar poblada de yndios de guerra y hauer captiuado mucha jente de los nauios que han llegado a tomar agua con descuydo y son tan belicosos y mañosos gue cada año van a robar por el mes de junio jullio y agosto a la ysla de puerto rico y otras partes y desta manera han captiuado muchos negros esclaus y algunos españoles en algunas haziendas por cuyo temor se han despoblado muchas tierras y dos ynjenios de hazer azucar y han hecho y hazen otros muchos daños y tomado algunos nauios de los que van de Sancto Domingo a la margarita por tocar en la ysla de puerto rico…." Ibíd., vol 5, p. 313.
[13] "y la abrio ahogaranse diez y ocho personas y escaparon veinte y nueve en tablas y caxas y pipas que recoxo otra carauela que en sus compañias y a dizen que se perdieron quinze mil castellanos de personas deesta ysla que alli enbiauan para prouision della que a sido para ella harto disfauor." Ibíd., vol 4, p 48.
[14] Aunque *Captain Cook* identificó 170 lugares de surfing en Hawai, estudios arqueológicos han revelado que existieron entre 1,700 y 2,000—lugares arqueológicos impactados por la construcción. John M. Kelly, *Surf Parameters: Final Report. Part II, Social and Historical Dimensions* (Honolulu, Hawaii: Look Laboratory of Oceanographic Engineering, University of Hawaii, 1973), capts 1-4.
[15] Características parecidas le aplicaba a la playa que ahora se llama la "Ventana al Mar", cuyos marullos se asemejan a los de la playa Marchiquita. Durante la década de 1960, la playa tenía unos peñones, con una pequeña entrada. Las enormes olas chocaban con las rocas y entraba como un enorme espumero blanco, que los muchachos entonces cogían con sus tablones para correr en línea recta hasta la orilla.
[16] Casi todos los surfistas oriundos de Puerto Rico entrevistados aprendieron el deporte en Pine Grove.
[17] Existe alguna disputa sobre la cronología; nuevos estudios ponen la fecha 200-400 años después. Timothy M. Reigh, Terry L. Hunt et al, "The 13th century Polynesian colonization of Hawai'i Island" *Journal of Archological Science* 38 (2011), pp. 2740-2749.
[18] Irving Rouse, *The Tainos: Rise & Decline of the People who Greeted Columbus* (New Haven: Yale University Press1992).

[19] La noción que tenían que comer humanos para la obtención de proteína fue descartada décadas atrás. Jalil Sued Badillo, *Los Caribes: Realidad o Fabula* (San Juan, Puerto Rico: Editorial Cultural, 1978).
[20] James T. Kloppenberg, *Toward Democracy: The Struggle for Self-Rule in European and American Thought* (New York: Oxford University Press, 2017); Randolph Roth, *American Homicide* (Cambridge, MA: Harvard University Press, 2009).
[21] James Seale Collazo, book review "*The Myth of Indigenous Caribbean Extinction* by Tony Castanha, 2001), *Journal of Latin American and Caribbean Anthropology*, 22, 3 (November 2017), pp. 605-606.
[22] Gladwin, cápts. 2, 5; Malinowski, cápts. 2-3; Mead, passim.
[23] Por contraste, el "*fetch*" puertorriqueño, o la distancia transcurrida desde el punto de origen de los frentes fríos, es la mitad, de unas 1,500 millas hacia el noroeste donde se genera el alto oleaje en la isla.
[24] La presencia de violencia o paz en sociedades primitivas es sujeto a debate académico. No obstante, los resultados de estos periodos—la ausencia o presencia de tecnológicas sofisticadas—es un indicador del nivel relativo de paz que existían en las sociedades respectivas.
[25] Fernós, *Science and Sovereignty*, cápt. 6.
[26] Aunque se le da mucha atención al pirata Roberto Cofresí, este era una excepción a su tiempo—un último ejemplar ya obsoleto como demuestra Brau. Es curioso señalar que la historiografía tradicional como la de Morales Carrión ponía mayor énfasis en los piratas de lo que se le da en la actualidad. Quizás se debería retomar este objeto de estudio. Brau, *Historia de Puerto Rico*, passim; J. H. Parry, *The Spanish Seaborn Empire* (New York: Alfred A. Knopf, 1979), passim; Arturo Morales Carrión, *Puerto Rico and the Non-Hispanic Caribbean: A Study in the Decline of Spanish Exclusivism* (San Juan, Puerto Rico: UPR Press, 1952); Arturo Morales Carrión, *Ojeada al Proceso Histórico de Puerto Rico* (San Juan, Puerto Rico: Editorial del Departamento de Instrucción de Puerto Rico, 1950).
[27] Scott Laderman, *Empire in Waves: A Political History of Surfing* (Berkeley, CA: University of California Press, 2014), cápt. 1.

[28] No es menos decir que el colonialismo no tuvo que haber sido necesario para su difusión, al notar que se expandió rápidamente por el mundo a países que tenían poca o ninguna asociación política con Estados Unidos.
[29] Hugh Thomas, *Cuba, or the Pursuit of Freedom* (London: Eyre & Spottiswoode, 1971).
[30] El surfing en Cuba se encuentra en un estado subdesarrollado.
[31] Al preguntarle al Sr. Godínez quien lleva unos 20 años viviendo en Hawai si hay surfers cubanos en Hawai, este respondió en la negativa. Entrevista Micco Godínez; Eduardo Quijano Rivera, "'Micco' Godínez: Una leyenda entre las leyendas del surf boricua" *Puerto Rico 4.0*, 2,1 (2021), pp. 1-15.
[32] Su experiencia varió significativamente con respecto al nivel de seguridad personal que sintieron, que podemos quizás explicar por el cambio durante los años.
[33] Entrevistas José Figueroa, Ed Valencia, Omar Foglia.
[34] Es extraño considerar que, aunque el imperio español, de mayor tamaño y quizás envergadura que el estadounidense, no llegó a entrelazar los diferentes componentes culturales como lo hizo el imperio estadounidense, constituido en parte de las mismas regiones geográficas luego de 1898.
[35] Lo único que tenemos que hacer es acceder a esta documentación cuando se abra la oportunidad en el Archivo Nacional de Estados Unidos.
[36] FLMM, Sección 5, Series 8, Subseries 11-13, "Propiedades Militares", cartapacios 46-61.
[37] Michael Scott Moore, *Sweetness and Blood: How Surfing Spread from Hawaii and California to the Rest of the World, with Some Unexpected Results* (New York, NY: Macmillan Co., 2010), cápt. 4.
[38] Algunos estadounidenses viajaron a Moroco precisamente para evitar participar en la Guerra de Vietnam.
[39] "Kilroy" de hecho era J. J. Kilroy, un inspector de puertos. Ibíd.
[40] Immerwahr, passim.
[41] Lederman, cápt. 2.
[42] Ibíd., passim.
[43] Fenómeno parecido ocurrió en Camp Pendleton en California. Empezaron a confiscar tablas y a arrestar surfers. Nat Young, *The*

History of Surfing (Salt Lake City, Utah: Gibby Smith Publisher, 1983), p. 82-89.
[44] Dan Herlihy, "The Taking of Tres: The Unlikely Discovery of the Caribbean's Premier Big-Wave Break", *Surfer's Journal* 21, 5 (Oct.-Nov. 2012), pp. 78-87. Aunque el artículo de Herlihy contiene errores factuales sobre la historia de Puerto Rico y demuestra algún nivel de frustración con su cultura, provee anécdotas cómicas. "*For instance, if you tried to date a local girl, she would certainly have been chaperoned by her mother or, worse yet, her big brother.*" p. 79.
[45] Entrevista Dan Herlihy.
[46] La estructura del Club de Oficiales se ubica en la parte superior del acantilado y sobremira dicha playa. Un buen video que captura la bella vista es el de James Kelly "Ramey Air Force Base, Puerto Rico Revisited", YouTube, 2 de junio de 2019, HTML: https://youtu.be/4irQ1pQPT8e
[47] Bloomquist nota que, cuando los altos oficiales visitaban con sus esposas, le ponían conchas de mar en la playa para que estas fuesen encontradas fácilmente por ellas. Entrevista Richard Bloomquist.
[48] FLMM, Sección 5, Series 8, Subseries 11-13, "Propiedades Militares", cartapacios 46-61, *Ramey Air Force Base Re-Use Study*.
[49] Entrevista Orrin H. Pilkey; Orrin H. Pilkey, "Surfing in Puerto Rico" in *A Marine Atlas of Puerto Rico*, ed. Orrin H. Pilkey and Steven J. Fritz (San German, Puerto Rico: MJ Cerame-Vivas, Inc., 1976, pp. 74-81.
[50] "*When the sea is quiet, Jobos is a pretty good surfing area even for beginners. It nearly always has waves and a lot of people from the Ramey Air Force Base surf there as well as the regular surf crowd.*" Ibíd., p. 76.
[51] Ibíd.
[52] Las playas de California también estuvieron restringidas durante la Segunda Guerra Mundial, por semejantes razones: temor que fuesen sitios de aterrizaje de un ataque marítimo al terreno continental. Laderman, passim.
[53] La Base Ramey fue abierta en 1939 y clausurada en 1974.
[54] *Colección El Mundo* (UPR-RP), sobre 4960, 1963. "Ramey es la 'Carretera Militar' de Latinoamérica, Europa, África…"
[55] Miguel Meléndez relató que, en esos años, tirarse para el oeste siempre era una carambola, debido que no se sabia si iban a haber

olas y mucho menos cuál iba a ser su calidad. Aunque Miguel, ocupado con trabajo en esa época al ser un cartógrafo para el Departamento de Hacienda, prefería ir a Los Tubos; de vez en cuando se arriesgaba para ir a Rincón—tristemente saliendo frustrado al no haber olas, o de haberlas que estuviese muy pequeñas. Entrevista José Rodríguez y Miguel Meléndez.

[56] Entrevistas Benjamín Meléndez y Antonio Betancourt.

[57] PatandGinger, "Remembering Ramey AFB", YouTube, HTML: https://youtu.be/JrX2yjuMb1Y; James Kelly, "Ramey Air Force Base, Puerto Rico Revisited", YouTube, HTML: https://youtu.be/4irQ1pQPT8e; MilitaryFamU, "Tour of Ramey AFB Museum", YouTube, HTML: https://youtu.be/MIFYQwqOnQ8.

[58] Ambos factores no son mutuamente exclusivos entre sí.

[59] FLMM, Sección 5, Series 8, Subseries 11-13, "Propiedades Militares", cartapacios 46-61

[60] Alfred T. Mahan ya había alertado sobre la importancia de las fuerzas navales en las condiciones de guerra precedentes a la Primera Guerra Mundial. María E. Estades Font, *La presencia militar de Estados Unidos en Puerto Rico, 1898- 1918* (San Juan, Puerto Rico: Ediciones Huracán, 1988).

[61] Jorge Rodríguez Beruff, "Puerto Rico and the Militarization of the Caribbean, 1979-1984" *Contemporary Marxism*, No. 10, (Summer, 1985), pp. 68- 91; Carlos I. Hernández, *Pueblo Nómada: De la orilla agrícola de San Antonio al emporio militar de "Ramey Base"* (San Juan, Puerto Rico: Ediciones Huracán, 2006), capt. 1

[62] "*Intercontinental Ballistic Missiles*" en inglés.

[63] Humberto García Muñiz, "U.S. Military Installations in Puerto Rico: An Essay on Their Role and Purpose" *Caribbean Studies*, Vol. 24, No. 3/4 (1991), pp. 79-97; Milton fue citado en Beruff, p 77. La importancia Canal de Panamá también se haría obsoleta debido a las realidades tecnológicas de la Guerra Fría—y por ende su entrega por la administración de Jimmy Carter. Daniel Immerwahr, *How to Hide an Empire: A History of the Greater United States* (NY: Farrar, Straus and Giroux, 2019).

[64] Hubo un sinnúmero de facilidades, que incluían propiedades en las islas de Desecheo y Monito, la estación de radio en Martin Peña y otros. "*Summary of all Military Properties in Puerto Rico that*

are now in Excess or Expected to Become Excess Based on Present Plants", en "Propiedades Militares" (FLMM).
[65] "Vieques: Tragic Island", *San Juan Review*, June 1964, edición especial.
[66] A pesar de la esperanza que implicaba el plan, de hecho, era otro subsidio más a corporaciones estadounidenses que ya se encontraban en Puerto Rico.
[67] FLMM, Sección 5, Series 8, Subseries 11-13, "Propiedades Militares", *Ramey Air Force Base Re-Use Study* (San Juan, Puerto Rico: Resource Management Corporation, 1974), pp 51-60; Charles Gonzales, *Proposal: development of a master plan for the reuse of land & facilities former ramey a.f.b. aguadilla, commonwealth of Puerto Rico* (San Juan, Puerto Rico: International Planning & Development Consultants, 1974); FLMM, Sección 5, Serie 8, Subserie 13, Carpeta 42 "Correspondencia y minutas".
[68] Si los surfers de Ramey no podían salir de la base y, en teoría, los deportistas marítimos no podían entrar, ciertamente no hubiese contribuido a su difusión. Pero, afortunadamente, la vida no es tan ordenada y coherente como eso.
[69] Surfer Publishing Group, *The Surf Report: Puerto Rico*, 3, 5 (May 1982), p. 1.
[70] La clausura de la base Roosevelt Roads brevemente estalló en una batalla por su dominio comercial y desarrollo urbano, tal como ocurrió al salir la marina del Escambrón.
[71] Viaje personal del autor en 2003.
[72] *Colección Fotográfica El Mundo* (UPR-RP), sobre 4960, 1963.
[73] El número de surfers que pueden decir haber 'descubierto' un 'spot de surfing' se puede contar con los dedos de la mano.
[74] Gracias a Craig Mitchell por la ubicación. Google Maps, 18°23N, 60°37'W, 15 de agosto de 2021, HTML: http://maps.google.com.
[75] Betancourt era invencible en los 50 metros libres—a tal punto que recibió el apodo de "Aquaman".
[76] La ubicación de la Base Ramey en Aguadilla así como la diferencia lingüística entre ambos grupos inhibía un mayor acercamiento entre estos.
[77] Entrevista Miguel Meléndez; Roberta J. Park, "'Forget About that Pile of Papers': Second World War Sport, Recreation and the

Military on the Island of Puerto Rico," *The International Journal of the History of Sport*, 20:1 (2003), 50-64.
[78] Entrevista Antonio Betancourt.
[79] Colección personal Antonio Betancourt.
[80] Con el retiro de las fuerzas armadas de Puerto Rico, la base naval en Miramar también fue cedida al gobierno de Puerto Rico. El área en su totalidad ahora es ocupada por el Centro de Convenciones de Puerto Rico Pedro Rosselló González.
[81] Qué sepamos "Kacky" Julia tiene ninguna relación a Willie Julia.
[82] Entrevista Eric Friedman.
[83] Premiados en competencia de 1965, de mano izquierda a derecha: Ted Ferguson, Jorge Machuca, Eric Friedman, Benjamín Acosta Jr., Phil Tshing, Aniro (Conejo) Irizarry, Jaime Cintrón, José Rodríguez y Miguel González. Surfista a mano derecha fin, detrás de Bob Leith, no identificado. *El Mundo*, 1965. Colección personal Eric Friedman.
[84] En contraste con la amenaza roja de los rusos luego de la Segunda Guerra Mundial, los alemanes, habían utilizado las deudas crónicas de las islas caribeñas para ganar poder e influencia en la región. Dana Munro, *Intervention and Dollar Diplomacy in the Caribbean, 1900-1921*. (Princeton: Princeton University Press, 1964); Lester D. Langley, *The United States and the Caribbean in the Twentieth Century* (Athens: University of Georgia Press, 1989).
[85] Al ser de baja intensidad de capital, esta migración no tan solo generó empleos y elevó el nivel económico de muchos.
[86] H. C. Barton, "Economic Characteristics of the New Industries". "Doing Business in Puerto Rico", New York, 6 de febrero de 1958. Barton fue *Director of Economic Research*, del Economic Development Administration de Puerto Rico, mejor conocido como FOMENTO.
[87] Gonzalo Fernós López, *Preliminary Report on the Problem posed by the Petrochemical Industry to the Commonwealth of Puerto Rico: Asunto-Cuota de Importación de Petróleo para Puerto Rico* (San Juan, Puerto Rico: 15 de septiembre de 1969); Edwin Irizarry Mora, Carlos Ortiz Burgos, Eddie Rivera Cintrón, "Análisis y Alternativas ante el Fracaso de la Industria Petroquímica: El Caso de Peñuelas y Guayanilla" (Maestría Planificación, UPR, RP- Escuela Graduada de Planificación, 1985); Neftalí García, *North American Oil Industry and the Colonial*

Situation of Puerto Rico Mision Industrial (San Juan, Puerto Rico, 1974).
[88] Government Development Bank for Puerto Rico, *Special Report for San Juan, Capital of Puerto Rico* (San Juan, Puerto Rico: GDB, 1955-1965). Curiosamente, el turismo nunca tomó más de 10.5% del GNP. Dennis Merrill, *Negotiating Paradise: U.S. Tourism and Empire in the Twentieth-Century* (Chapel Hill, University of North Carolina Press, 2009), p. 185.
[89] "…[S]e ha establecido claramente algo que ya muchos de nosotros sabíamos y es que nuestros arquitectos tienen el talento y la capacidad para diseñar hoteles de lujo tan buenos como los mejores que se puedan diseñar en parte alguna del mundo" "Palabras pronunciadas por el Sr. Cesar A. Calderón durante el Almuerzo de Inauguración del Hotel Puerto Rico Sheraton", Fondo Gobernadora de Puerto Rico, Subfondo Documentos personales relacionados a actos profesionales, Fundación para Puerto Rico.
[90] Para Calderón, políticos como Luis Ferre continuamente minaban la confianza que los puertorriqueños tenían de si mismo. Ibíd., p. 3; "¿Quo Vadis? … Luis Ferre", sin fecha; "Samuel Badillo, "¿Ha Muerto César Calderón?" Fondo Gobernadora de Puerto Rico, Subfondo Documentos personales relacionados a actos profesionales, Fundación para Puerto Rico.
[91] *Special Report for San Juan* (1963), p. 4.
[92] Ibíd.
[93] Ya para 1952 se habían notado en choque en un informe "confidencial" preparado por Harris. Britton Harris, "The Role of Government in Industrial Development in the Caribbean", San Juan, Puerto Rico: Economic Development Administration, Oct. 9, 1952.
[94] Entrevista Benjamín Figueroa.
[95] Entrevista Miguel Marrero.
[96] Los estimados varían entre 800 y 400 acres que les perteneció a los Rodríguez Ema a principios de siglo. Entrevista Rodríguez Reyes.
[97] Luego de una inversión de $ 1,120,636 en la creación del Balneario El Tuque, su asistencia decayó de 15,000 personas a sólo unas 500 debido a "plantas acuáticas" y aguavivas. *El Mundo*, 3 de noviembre de 1965.
[98] Colección personal Antonio Betancourt.

[99] Los nombres en inglés de estos meses son *SeptembER, OctobER, NovermbER, DecembER.*
[100] *¿Qué Pasa?* junio 1952, p. 7.
[101] *¿Qué Pasa?* diciembre1949; agosto 1959.
[102] Ocurrió un impresionante fenómeno atmosférico en Puerto Rico en junio del 2008 que provocó el cierre de la Avenida Martínez Nadál (Canal 4 WAPA TV).
[103] Colección personal Richard Bloomquist.
[104] Los cuentos de Tom Wolfe en *Pump House Gang* (1968) también capturan este ambiente.
[105] El término "gidget" es una abreviación de "*girl midget*" o chica enana en español.
[106] St. John's School ocupa un lote aledaño a la Robinson School. No está muy claro la razón por el cual las dos escuelas ocupan lugares tan cercanos entre sí.
[107] Luego del divorcio de sus padres, la primera planta del hogar se convirtió en un apartamento de alquiler. Entrevista Ed Valencia.
[108] De hacerlo hoy, desaparecerían a consecuencia de los robos—que evidencia de los entrevistados indicaban estar en aumento para final de la década de 1960.
[109] El "*Barn*" estuvo ubicada en la zona—hasta que la criminalidad y los precios empezaron a subir, dando su movida a Rincón en términos de intercambio social y económico mas favorables. Entrevista Monty Smith.
[110] Entrevistas José Rodríguez, Richard Bloomquist.
[111] Colección personal Benjamín Meléndez.
[112] Ibíd.
[113] A pesar de su enorme esfera de influencia de Estados Unidos, es obvio señalar que el mundo entero no cuenta con una relación política como es la de Estados Unidos y Puerto Rico.
[114] Inicialmente la radio predominó hasta mitad de siglo, seguido por los canales tradicionales; el cable TV luego expandió el número de canales a cientos, seguido por el internet y el fenómeno de YouTube el cual resultó en una expansión explosiva—a tal punto que tuvo que ser vendido a Google por $1.65 B en el 2006 debido a que sus fundadores originales carecían de los recursos económicos para poder sostener dicho crecimiento.
[115] Doyle, *Morning Glass*, passim.
[116] Warshaw, *Encyclopedia of Surfing*.

[117] *El Mundo*, 16 de junio de 1964, p 24.
[118] Weismuller había sido buen amigo de Duke Kahanamoku y también ganaba dinero extra en el filme norteamericano tomando roles como indígena nativo.
[119] En el 1967, se estrenó la película "*Hawaii*" con Julie Andrews en el Teatro Carmen. *El Mundo*, 21 de junio de 1967, p. 16.
[120] Su primer estreno público en Puerto Rico parece haber ocurrido durante el 1968 *World Surfing Championship*. Entrevista Benjamín y Miguel Meléndez.
[121] Una excepción pudo haber sido las estaciones de radio norteamericanas que existían en la época—algunas de estas siendo estaciones de radio militares.
[122] Colección privada Antonio Betancourt.
[123] Debido a su leve condición de escoliosis vertebral, Betancourt tomó el deporte como terapia física, fenómeno parecido al de Machuca quien sufrió un horrífico accidente de bote cuando niño.
[124] El Duke típicamente protagonizaba papeles de personajes indígenas norteamericanos en los '*Cowboy Westerns*', algo que tuvo que haber sido humillante e irónico para el hawaiano.
[125] Colección personal Antonio Betancourt.
[126] *Sixteen*, June 1965, p. 76; Mike Doyle and Steve Sorensen, *Morning Glass: The Adventures of Legendary Waterman Mike Doyle* (Carlsbad CA: Picacho Publishing, 2018).
[127] Colección personal Antonio Betancourt.
[128] Tuvo mucho éxito a juzgar por el número de premios que obtuvo.
[129] En 1966, finalmente llegó a representar a Puerto Rico en los Juegos Centroamericanos y del Caribe. "YMCA Estudia Enviar a Justa de Estados Unidos 2 Gimnastas", *El Mundo*, s.f., Colección personal Benjamín Meléndez.
[130] Colección personal Benjamín Meléndez.
[131] Benjamín comenzó como salvavidas para el Hotel San Juan en 1959, poco después trasladándose para el Hotel La Concha.
[132] Utilizaban los montes o lo edificios sanjuaneros para poder mirar hacia los arrecifes para ver si habían olas o no.
[133] "EJ-KEI: Un documental sobre el skateboarding en Puerto Rico" (San Juan, Puerto Rico: Revolt Films, 2012). El filme gano "*Director's Choice*" en el Rincón International Film Festival de 2013.

[134] Entrevista, Benjamín Meléndez.
[135] José Rodríguez señaló que las tablas de la famosa foto de "*Legends*" estaban llenos de "dingies" (rotos).
[136] Algunos de estos primeros surfers no sabían nadar muy bien, dando a que Betancourt tuviese que ser salvavidas dentro y fuera del hotel.
[137] Colección personal Antonio Betancourt.
[138] Experiencia parecida le ocurriría a José Muñiz quien al carecer conocimiento del carácter "*composite*" de toda tabla de surf, su primera tabla fue construida solamente con resina. Entrevista José Muñiz.
[139] Colección personal Antonio Betancourt.
[140] Entrevista Benjamín Meléndez.
[141] Difícil de creer, no todos surfistas les gusta La Ocho; otros prefieren Aviones en Piñones.
[142] "El vecindario de esta parroquia [Manatí]…. habita la ribera del Río que es fertilísima para toda especie de plantas y semillas. La caña del azúcar rinde allí mucho mas que en otras tierras: el café, arroz, maíz, tabaco, fixoles y otras legumbre que cultivan se multiplican pasmosamente." Cita de Fray Iñigo Abbad y Lasierra. Junta de Planificación de Puerto Rico, *Sección de Estudios Especiales, Mapa de Municipios y Barrios, Municipios Selectos* (San Juan, Puerto Rico: Junta de Planificación, 1948-1957).
[143] El competitivo Rodríguez Reyes relata que empezó antes de todos ellos, en diciembre de 1959, usando una tabla construida de Hobie Alter, las cuales eran vendida en el taller de Hoyt. Entrevista José Rodríguez.
[144] Entrevista Dan Herlihy.
[145] Los vecinos de Rincón pensaban que Herlihy y sus amigos eran "patos". El traje de baño '*baggie'* era percibido como contundente señal de blasfemia personal. Junto a su pelo largo, la falta de camisetas y el estar descalzos añadía a su aire de inmoral vagabundearía. En Hawai la acusación ha sido utilizada para subestimar contrincantes al igual que la unidad nacional. Isaiah Helekunihi Walker, *Waves of Resistance: Surfing and History in Twentieth-Century Hawaii* (Honolulu, HI: University of Hawaii Press, 2011), passim.
[146] Entrevista Dan Herlihy.

[147] La palabra de la Sra. Abbatiello toma peso al considerar que su padre Albert Abbatiello era especialista en concreto y participe en la creación de algunas importantes estructuras urbanas, tal como la Alcaldía de Bayamón y la piscina interior del Caribe Hilton.
[148] Antes de que se salte a conclusiones, este movimiento de principiante también caracterizó el surfing en Australia por muchos años. No fue hasta la llegada de Greg Noll a Australia en competencias de natación, que estos descubrieron poder ir paralelo a la playa. Warshaw, *History of Surfing*, passim.
[149] No obstante, desconocemos cuál habrá sido su actual papel en el surgimiento del surfing en la isla; sin duda, ambos fenómenos coincidieron. Esta relación es un punto que amerita mayor estudio.
[150] Poco después, sería adoptado por José Rodríguez y su equipo de surfing, quien le propiciaba tablas gratuitamente.
[151] Entrevista Tom Ferguson.
[152] Incidentalmente, esta fue la manera del cual ese enemigo de Estados Unidos, Khomeni, difundía sus mensajes entre la población. Grababa sus charlas en *audio cassettes*, que luego eran copiados y compartidos. Aunque los propósitos obviamente son diferentes, uno para fomentar una revolución política y otra para una revolución cultural, el mecanismo y el medio utilizado fueron semejantes.
[153] No obstante, hay nuevas trabas que han surgido, como veremos más adelante.
[154] Edwin Santos de Guaynabo una generación mas tarde haría los mismo.
[155] Entrevista Benjamín Meléndez.
[156] Entrevistas Ernesto Zambrana; Pepe Álvarez.
[157] Rodrigo Fernós, *Robinson 100th Alumni Anniversary Pamphlet* (San Juan, Puerto Rico: Robinson School, 2004).
[158] Algunos alegan que todas las clases tenían surfers, estimados en un 25% de la población estudiantil en los 1970, muy diferente a los pocos surfistas la década siguiente.
[159] Estos espumeros también eran visibles desde la Calle Eduardo Conde y la Calle San Jorge, situadas al tope de la colina en Santurce; saliendo para ir la universidad, un alto espumero hacía algunos virar para irse inmediatamente a la playa.
[160] Para la época, la relación entre la natación y el deporte del surf había disminuido.

[161] Finalizó en 2020.
[162] En el 2017, *Surfing Magazine* cerró sus puertas y vendió sus recursos a *Surfer*—el cuál también cerró unos años después.
[163] Entrevista Néstor Ramírez.
[164] No hay fotografía del evento en Makaha (Hawai), sino solamente la descripción escrita por Noll, quien falleció este año (2021) a la edad de 84. Greg Noll and Andrea Gabbard, "The Last Wave", en *The Big Drop: Classical Big Wave Surfing Stories*, ed. John Long and Hai-Van K. Sponholz (Helena, Montana: Falcon, 1999), pp. 47-57.
[165] Entrevista José Rodríguez.
[166] Su hermano fue un ingeniero quien había trabajado para la planta nuclear BONUS antes de su cierre, cuyo nombre sirve de epónimo para el punto de surfing "Domes".
[167] *Atlantic Surfing*, 2, 2 (Summer 1966). Disponible en HTML: https;//www.allsurfmagazines.com
[168] La primera revista formal de surfing fue formada en 1954
[169] Las revistas *Low Pressure*, *Mundo Rad*, *Primera Ola*, and *Surf in Rico* aparecieron durante la década de 1990. Ibíd.
[170] Mientras mayor auge tenían en las ventas, mayor competencia sufrían los surfers entre sí. No obstante, estos son reacciones al cambio poblacional y son parte de un mayor continuo urbano que caracterizó el crecimiento de San Juan durante esos años. No hubo precedente al crecimiento demográfico de la capital a medio siglo.
[171] Entrevista Michael Gutiérrez.
[172] La compañía *Island* de James Montgomery Smith ha tenido varios nombres a través de los años. Entrevista Monty Smith.
[173] Las competencias eran el mejor medio de anuncio, al igual que creaban demanda para el uso de las tablas entre quienes competían.
[174] David M. Bush, Richard M.T. Webb, Lisbeth Hyman, José González Liboy, and William J. Neil, *Living with the Puerto Rico Shore* (San Juan, Puerto Rico: Editorial de la Universidad de Puerto Rico, 1995), cápt. 1.
[175] FLMM, Sección 5, Series 8, Subseries 11-13, "Propiedades Militares", cartapacios 46-61
[176] CARICOS, "40-year wave rose plot", 20-m depth contour: [-66.0931,18.4726], 9 de agosto de 2021, html: http://www.canalsresearch.com/wave-climate-atlas-point-output.
[177] Ibíd.

[178] Guías turísticas norteamericanas cómicamente redondean la 2 ½ a 3, llamando la parada La #3—un problema algo común con el entendimiento estadounidense de la isla.
[179] En una visita reciente, a Susan King le sorprendió cuán fácilmente es ahora llegar a La Ocho, con estacionamiento que deja a uno justo al frente. Entrevista Susan King.
[180] Don Benjamín paró de surfear a los 30 años, luego retomando el deporte décadas después.
[181] "Ted Ferguson, Sedlar Campeones Del Torneo Estatal de 'Surfing'" *El Mundo*, 8 de noviembre de 1965.
[182] Ted Ferguson terminaría ganando el evento. "Inician Hoy 1er. Torneo" *El Mundo*, 6 de noviembre de 1965, p. 34. Recuerden que "Beta" alude a Antonio Betancourt y "Gonejo" a Aniro Irizarry.
[183] Entrevista Willie Julia.
[184] Entrevista René González.
[185] Entrevista Antonio Betancourt.
[186] Entrevista Ernesto Zambrana.
[187] Estando inconsciente, rescataron su cuerpo. De no haber sido por la ágil acción de sus amigos, hubiese fallecido a temprana edad. Entrevista Jorge Machuca.
[188] Entrevista José Rodríguez.
[189] Los individuos en la foto "*Legends*", de izquierda a derecha son: Antonio Betancourt, Héctor Lugo Cordero, Guillermo Bermúdez, Rafael Viera, Ángelo Morales, José Rodríguez, Bobby Leith, Eddie Ortiz, Mark Kalish y Benjamín Meléndez. Entrevista Eric Friedman.
[190] Entrevista Benjamín Meléndez.
[191] Colección personal Benjamín Meléndez.
[192] La conclusión se basa en la poca sensatez que caracteriza el desarrollo de los recursos naturales y las playas en la isla, bien ejemplificado este año (2021) cuando un complejo de viviendas en Rincón intentó construir una piscina sobre una zona de anidaje de tortugas.
[193] Aída Negrón de Montilla, *Americanization in Puerto Rico and the Public-School System, 1900-1930* (Río Piedras, San Juan: Editorial Edil, Inc, 1970).
[194] Término proveniente de la historia de la biología. Ernst Mayr, *The Growth of Biological Thought: Diversity, Evolution, and Inheritance* (Cambridge, MA: Belknap Press, 1982).

4 El World Surfing Championship de 1968

Bomba cultural en Puerto Rico

Nos gustaba estar juntos, pero no revueltos
-José Rodríguez Reyes

A pesar de que casi todo surfer entrevistado señaló no haber sido personalmente impactado por las comunicaciones en su práctica del deporte, al ya haber estado practicándolo antes de su explosión social y mediática, no cabe duda de que la celebración del *World Surfing Championship* de 1968 (WSC 1968) en Puerto Rico tuvo un enorme impacto. En la era justo cuando el internet estaba siendo contemplado por científicos ante los retos de comunicación durante una guerra nuclear[1], su cobertura por al *ABC Wide World of Sports*[2] llevó a Puerto Rico, y en específico al pequeño pueblo de Rincón donde apenas se acababa de 'descubrir' el deporte, al escenario global. Incluso, uno de los consistentes patrones de la historia puertorriqueña durante el siglo XX ha sido la necesidad de tener que lidiar con dinámicas históricas que surgen en otros lugares, lo que tiende a caracterizar las relaciones internacionales de los países pequeños, como hemos señalado previamente.[3]

Una de las particularidades más extrañas del evento, que se convirtió en una contundente crítica, fue el hecho que los "*Legends*" José Rodríguez, Antonio Betancourt, Benjamín Meléndez y otros no llegaron a competir en el importante evento, dando a que el peso de la enorme responsabilidad de representar a la isla en una competencia mundial recayera sobre adolescentes, algunos de los cuales apenas empezaban el deporte. Entre estos se encuentran Lester Camp, Tom Hardy, Richard Bloomquist, Cindy Chase y Susan King. Los "*Legends*", va la interpretación, no dieron la cara por Puerto Rico.

Para los jóvenes surfistas que llegaron a competir, no tenían oportunidad alguna de éxito. Bloomquist como competidor destacó que el joven grupo no pudo haber tenido mejor desenlace del que llegaron a tener. Aún con las extraordinarias habilidades de Jorge Machuca—uno de los más jóvenes del grupo y cuyo natural nerviosismo lamentablemente dio la apertura al alcohol y luego las drogas[4]—la representación de Puerto Rico no tuvo "*break*" alguno de ganar a pesar de las sofisticadas tablas cortas que estaban corriendo en esos momentos. Al surfing definirse por un conjunto de tecnologías y técnicas de estilo, les faltaba mayor desarrollo en la segunda parte de la ecuación a los jóvenes competidores.

Foto 19: Parte del equipo puertorriqueño en el WSC 1968[5]

Sin duda, los profundos cambios tecnológicos que estaban ocurriendo en el mundo del surfing eran enormes para 1968, ilustradas por la misma monolítica estación de canal *ABC*. El cambio de la tabla larga o "*longboard*" en inglés a la tabla corta o "*shortboard*", de unos 9-14 pies, a unos 7-5 pies fue revolucionario en el deporte en aquel entonces—algo extraño hoy cuando esta se percibe como una tabla "grande".

Machuca, cuya memoria vaga con respecto a eventos ordinarios del presente y del pasado, recuerda con casi perfecta exactitud las dimensiones y diseños de sus tablas en esos años. Éste, bajo la tutela de Bloomquist, llegó a tener una tabla Hobie 8'2" *square tail*, una Hansen 7' *teardrop*, y una Fox 6.8" *swallow tail* en un breve periodo de tiempo bajo los diferentes equipos al cual llego a pertenecer. Para Bloomquist, la única oportunidad que el equipo puertorriqueño podía tener en las competencias, sin un largo trasfondo en el deporte como el que existía en Hawai (cientos de años) o Australia (cien años), era mediante mejoras en la tecnología del surfing, además de mejoras en su estilo. Aún para 1970 cuando Darryl Gómez y Susan King compitieron en Australia, Bloomquist supo que el equipo puertorriqueño estaba surfeando cuesta arriba en las competencias internacionales—a pesar de los enormes adelantos que habían hecho en tan poco tiempo.[6]

Fue por esta razón que Blooomquist y Machuca estuvieron dispuestos a cambiar de equipos, incluso en medio de los eventos en los cuales solían competir, debido a las mejoras que tales cambios de lealtad implicaban: mejoramiento de su rendimiento deportivo. Machuca, quien aprecia una buena tabla de semejante manera como otros aprecian el vino o el cigarro, siguió el ejemplo de Bloomquist, felizmente y sin pérdida de conciencia alguna cambiando de equipos. Ante la falta de conocimiento en esa época sobre lo que componía una buena tabla de surfing, tales cambios era la táctica más racional ante las circunstancias.

A su vez, podemos sugerir que estos súbitos cambios de lealtad aumentaban a un mayor grado la competencia entre las compañías que hacían o vendían tablas y auspiciaban equipos durante estos años. El temor de perder un buen competidor de un día a otro debido a equipo obsoleto daba a que las compañías tuviesen que innovar de la manera que fuese—no tan solo para retener sus miembros sino para agilizar las ventas de un producto idealizado pero que actualmente generaba pocas ganancias.[7] Sin duda, la dinámica competitiva, tanto entre los concursantes como sus auspiciadores, ayudó a acelerar drásticamente el ritmo del cambio tecnológico en el deporte. Esta mentalidad innovadora se intensificaría para fines de la próxima década, cuando Marc Richards "la gaviota" introdujo su *twin fin*, y Simon Anderson su *three-fin thruster* para la competencia de Bells en 1981.[8]

De hecho, una de las cosas más sorprendentes del periodo es la general ausencia de conocimiento con respecto a los principios que constituía una 'buena tabla'—observación que aplicaba a todos los grupos por igual: australianos, estadounidenses, y puertorriqueños. Como vimos en previos capítulos, estos principios ya habían sido establecidos y aplicados a la elaboración de tablas durante la década del 1940 por Bob Simmons en California. Sin embargo, es sorprendente cuan lentamente se difundió este conocimiento entre la población general de surfers y shapers por igual en todo el mundo. Incluso, para 1980, la gran mayoría de tablas todavía no habían incorporado estos elementos, como por ejemplo las estructuras cóncavas en la parte inferior.

La mejor evidencia de esta ignorancia generalizada en la comunidad de surfers fue el contraste entre las competencias del 1968 y las del 1970 en Australia, en la cual compitieron Bloomquist, Machuca, King y Darryl Gómez. Mientras que los australianos habían usado tablones de 8 pies en adelante durante el WSC 1968, el equipo puertorriqueño usó tablas cortas de unos 6 pies, demostrado en las fotos que se tomaron durante esa semana para el noticiario *El Mundo*. Al "aprender" que la tabla corta no rendía beneficio neto a los adolescentes en la competencia, los concursantes que participaron en el *World Surfing Championship* del 1970 en Australia llevaron tablas grandes.

Foto 20: Enorme tabla de australiano en el WSC 1968[9]

Lo curioso de todo, como señaló Bloomquist, es que los australianos para 1970 cambiaron inmediatamente a la tabla corta, impulsados tanto por la WSC de 1968 como por migrantes estadounidenses a esa nación quienes habían renunciado a su ciudadanía norteamericana ante la política bélica de la administración Nixon, en específico la Guerra de Vietnam. Entre estos se encuentran George Greenough y Rusty Miller, amigo de Mike Doyle.[10] El *kneeboarder* Greenough, quien también se mudó ahí, sería clave en la revolución de la tabla corta.[11]

Bloomquist mismo llevó un tablón enorme a Australia ante la influencia de Ted James, dueño de las tablas Fox. Pero cuando vio que los australianos iban a estar usando tablas cortas durante esa competencia mundial, fue rápidamente a una tienda local donde pudo fácilmente conseguir tablas pequeñas. Desafortunadamente, Bloomquist había dejado su tabla favorita en Puerto Rico, la cual había utilizado por un año y medio mientras estudiaba en la Universidad Interamericana de San Germán—sin duda le hubiese brindado mayor comodidad en las congeladas aguas al sur del Océano Pacifico.[12] El súbito cambio de tablas, junto al inesperado frío de sus aguas, no resultó en una anotación favorable para el equipo.[13]

Aunque tuvieron tablas cortas y surfearon en aguas cálidas y conocidas del Océano Atlántico para el WSC 1968, el equipo puertorriqueño terminó recibiendo una rotunda pela por los competidores hawaianos, californianos y australianos—estos últimos teniendo mayor edad, experiencia y trasfondo histórico-social. La única que llegó a las semifinales para la sorpresa de todos fue Candy Chase, que acababa de comenzar el deporte poco más de un año antes de la competencia mundial. Sin embargo, ella ya había estado compitiendo en el deporte del esquí antes de llegar a Puerto Rico del estado de Vermont.[14]

A pesar de la crítica hecha a los *Legends*, se tienen que señalar los patrones históricos mayores que contextualizaron este intercambio atlético: el surfing apenas acababa de llegar a Puerto Rico durante la década previa. Los individuos, después de todo, no operan en un vacío histórico, sino que son profundamente impactados por este trasfondo social en el cual habitan. Al no considerar estas realidades, cualquier aseveración sobre la participación en competencias son injustas, así como demasiados norteamericanos juzgaban a los puertorriqueños de aquel entonces en ausencia de una consideración mayor de las drásticamente diferentes histórico-sociales de sus respectivas comunidades.[15]

Un breve análisis de *cohort* de los grupos de competidores presentes en el evento—1) los *Legends*, 2) los actuales competidores internacionales y 3) el equipo puertorriqueño—revela que los "*Legends*" como Betancourt y Meléndez ya habían entrado en una nueva etapa de vida en comparación con los concursantes puertorriqueños, la mayoría siendo adolescentes. Mientras que los competidores de Puerto Rico, en su mayoría de Estados Unidos, tenían 16 años de edad, los competidores internacionales en promedio tenían 21 años.[16] Los "*Legends*" por su parte ya habían llegado a los 30 años en una época de la cual las expectativas sociales con respecto a la formación de núcleos familiares suponían fuesen establecidos a una joven edad relativo a las expectativas actuales.

Los *Legends* ya tenían hijos o estaban a punto de ser padres. Aunque claramente amaban el deporte, lo cierto es que tenían preocupaciones de mayor envergadura que el correr tablas. Meléndez y su hermano Miguel fueron a las competencias en Rincón, pero solo para apreciar las mismas, desde lejos, como espectadores.

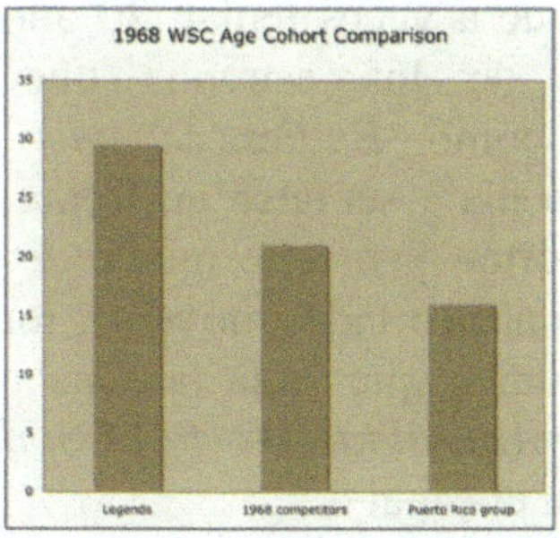

Gráfica 7: Comparación de edades respectivas[17]

Daremos un vistazo al sustantivo progreso que los surfers puertorriqueños, tanto angloparlantes como hispanoparlantes, pudieron alcanzar en tan pequeño espacio de tiempo—al igual que cuanto más le faltaban por mejorar.

Para recordarles, estos años fueron de un enorme cambio tecnológico, lo que provocaba que las expectativas en las competencias fueran cambiantes y fluidas de por sí; ante esta incertidumbre, simplemente era mejor esperar hasta que se estabilizara la tecnología, para competir bajo igualdad de condiciones. Solamente cuando hacemos esto—una vista de trasfondo histórico comparativo—es que podremos obtener una evaluación más justa de nuestros actores históricos.

Con tan solo escuchar las ondas radiales, se puede percibir el palpar del creciente marullo mediático del surfing en la cultura puertorriqueña poco antes de 1968. La revista *TV Guía* regularmente difundía listas de los éxitos musicales, y para 1966 ya estaba anunciando mes a mes el ascendiente éxito de "*California Dreamin'*" de los *Mamas and the Papas*.[18] Aunque desconocemos si estas canciones eran tocadas en las estaciones de radio locales, otra realidad mediática lo fueron las estaciones radiales del ejercito, como la *Armed Forces Radio Service* en la 1470 AM. No obstante, de acuerdo con los entrevistados la música 'surf' estadounidense parece haber calado muy poco en la cultura musical puertorriqueña.[19]

Podemos señalar que durante la década se había estado anunciando varios filmes en la televisión local relacionados a Hawai tales como "Hawai Desconocido"[20] o el "*Hawaii Calls*" en el Canal 6.[21] Lamentablemente el mercado puertorriqueño servía más como basurero fílmico norteamericano, con películas que a veces tenían 20 años o más de antigüedad—en vez de los estrenos que se presentaban en Estados Unidos como "*Endless Summer*" de Bruce Brown (1964).[22] Uno no iba a sentarse en frente del televisor para enterarse del deporte—y mucho nuevo de sus innovaciones. Uno tenía que ir a otro lado, moverse, tomar iniciativa proactivamente. Lo único que valía la pena para un atleta acuático quizás era el *ABC Wide World of Sports*, que salía a las 5:30 de la tarde en el canal 4.[23]

Pero el palpar de la llegada del surfing es particularmente obvio en la revista de turismo puertorriqueño *¿Qué Pasa?* Esta publicación surge luego de la Segunda Guerra Mundial e intenta tomar ventaja de la caída del corrupto turismo cubano antes del ascenso de Fidel Castro al poder.

Foto 21: Anuncio WSC 1968 en El Mundo[24]

Aunque había comenzado una nueva sección deportiva en 1950[25], la mayoría de estos se enfocaban al deleite de las calmadas aguas puertorriqueñas, bueno para la natación y el *snorekling*.[26] Era una revista orientada a la alta clase de visitantes. Regularmente tenía a Pablo Casals en su portada y le otorgaba más importancia al tenis y al golf del Caribe Hilton y otros hoteles[27] que al pasatiempo de otros sectores de la población. Desde 1965 empezamos a ver anuncios de clases de surfing en los diferentes hoteles, tal como los cursos de José Baker[28], quien también enseñaba a esquiar. El maestro Greg Korwek las llamaba entonces "*surfboard classes*" o "clases de tabla" en el Hyatt.[29] Extrañamente, aunque el periódico *El Imparcial* cubrió el concurso mundial de 1968, nunca puso una imagen de este, tendiendo a favorecer la corrida de toros española.[30]

Quizás el surgimiento de nuevas clases en el deporte se debió a las competencias eliminatorias para el WSC 1968. El primer concurso ocurrió el 8 de septiembre del 1967, compuesto de 8 clubes de surfing a través de toda la isla, con unos 400 miembros aproximadamente—dándonos una vaga noción sobre el tamaño demográfico de la comunidad.[31] En esta contienda estaban Tommy Harding, quien "defendía su título" al pertenecer al Isla Verde Surf Club de Rodríguez, lo que se refería en la época como el "Equipo Hobie". Otros concursantes incluyeron a Chico Ruiz, mayor de edad (20 años), del ejercito, hijo de la actriz Marta Romero y miembro del Equipo Weber.[32] Susan King por otro lado, representó al Equipo Hansen, constituido por un solo miembro.[33]

Foto 22: Filardi "goce, pero cuídese"[34]

Unos meses antes, Eddie Figueroa para el *Puerto Rico Ilustrado* había escrito un ensayo sobre el deporte en la isla. La única tienda en la zona metro era el "*Surf Store*", el cual vendía tablas enormes. Figueroa estimó que el deporte contaba con unos 600 participantes, habiendo comenzado solamente unos pocos años atrás. "[A] pesar de ser una actividad cuyo equipo es un tanto costoso, [el surfing] se ha convertido muy rápidamente en uno de los mas populares deportes de la isla.[35]" Las tablas entonces costaban $100, y eran fáciles poner en un automóvil, en comparación con los bultosos Hobie Cats de $500. Los puntos de surfing incluían los de Baja Mar al igual que El Caballo, notando que: "Puerto Rico podría muy bien convertirse en un paraíso para nosotros los surfers."[36]

El Mundo, todavía reteniendo una visión de mundo hispánico-colonial, advirtió sobre sus peligros.

> *...también hay playas peligrosas, llenas de rocas y remolinos, donde el fuerte oleaje puede resultar--y ha resultado--fatal para algunos bañistas....Ese peligro aumenta con el mal tiempo, que paradójicamente, es el preferido de los adolescentes para el deporte..."Si se toma en cuenta que esas playas de mar agitado son las preferidas de aquellos jóvenes que se dedican al deporte de al 'tabla hawayana', no cabe duda que tanto el Gobierno como el pueblo deben estar atentos al peligro que hay en esos parajes.*[37]

Para fin de mes, ya 80 surfers estaban prestando su prestigio y honor en la "Primera Junta de Clasificación de Surfing". Las personas se podían inscribir en tiendas a través de la isla, incluyendo la Santa María Surf, el Mayagüez Surf, Pocks Surf en Condado, UKU Surfboats (Rincón) y el Hang Ten Surf en Punta las Marías.[38] Sus rivales iban a incluir los mejores surfers de Estados Unidos, 10 de la costa este y 10 de la costa oeste (California).[39] Las eliminatorias se realizaron en La Ocho, la playa del Club de Oficiales de la Reserva.[40]

Foto 23: Abultados pero felices (Meléndez) [41]

Solo 14 habían acumulado puntos, incluyendo a Duke Michaels y a Richard Solo.[42] De estos, pocos competidores cualificaron para la competencia mundial, el 23 de octubre. Estos fueron: Tommy Hardy (14 años), Ricky Bloomquist (17 años), Fernando Valdés, Mike González[43], Jorge Machuca (15 años), Rogelio Varas (16 año), Candy Chase (15 años) y Susan King (17 años). De relevo estuvieron Lester Camp y Ann Shawhan, por si algo les pasaba a los principales competidores.[44] Se tenía la expectativa, señaló Rodríguez Reyes, que el evento, con representantes de 18 países a través del mundo, tendría más de 20,000 espectadores atentos a su difusión televisada.[45]

Aunque nos parezca relativamente poca esta audiencia, la cual se mide el número de espectadores hoy en los millones, no podemos dudar que esta presión sería extraordinaria para cualquier adolescente comenzando la escuela secundaria como Machuca. Surfers de América Latina procedentes de Barbados, Méjico, Panamá, Ecuador, y el Perú participaron en el importante concurso.[46]

Para enero de 1968, el surfing explota de la nada en la revista *¿Que Pasa?*, aparentemente bajo la dominante influencia de José Rodríguez Reyes, quien estaba haciendo todo lo posible en la planificación del evento. Rodríguez Reyes consultó la oficina meteorológica en Puerto Rico, unos *flight controllers* del aeropuerto Luis Muñoz Marín, mapas isobáricos y hasta los reportajes televisados del Prof. D. Clay McDowell del *U. S. Weather Bureau* en su estrangulado español, para seleccionar en 1965 las mejores fechas del concurso que se celebraría tres años después: la segunda semana de noviembre—decisiones que no siempre son fáciles de tomar como evidenció Fred Hemmings.[47]

Si el surfing antes de 1968 raramente aparecía en los anuncios hoteleros de esa guía turística, desde 1968 en adelante, incluiría todos los meses una sección informativa sobre las mejores playas de surfing en la isla—creciendo en densidad informativa hasta la década de 2010 cuando repentinamente cesa la sección de deportes durante la administración de Luis Fortuño.

> *There are several good surfing beaches along Puerto Rico's north and west coasts. In San Juan popular beaches are located next to Fort San Cristobal behind the Capitol building and in Isla Verde at Pine Beach Grove. Puerto Rico's best surf and the site of international surfing tournaments is Punta Higüero (Rts. 143) between Aguadilla and Rincón. Surfboards can be rented at The Surf Shop, Isla Verde (Rt. 187, Km. 0.3) at $1.50 an hour, $8 a day or $40 a week.*[48]

Luego de esta fecha, se utilizaría el concurso de 1968 como otro elemento más para atraer el turismo a la isla.[49]

El anuncio es indicativo del crecimiento económico que vendría luego de 1968 en el comercio del deporte, convirtiendo una actividad deportiva de una actividad exótico no-existente durante el periodo colonial español, a una industria multi-millonaria de rápido crecimiento, llenos de triviales cambios tecnológicos para ganar ventaja comercial. Todos buscarían la fama y la fortuna en la nueva conquista de Puerto Rico. Pero, como ocurrió con tantos conquistadores del periodo colonial, la mayoría de las nuevas tiendas serían de muy corta duración—con la excepción de tiendas como La Tablita Skate & Surf Shop.

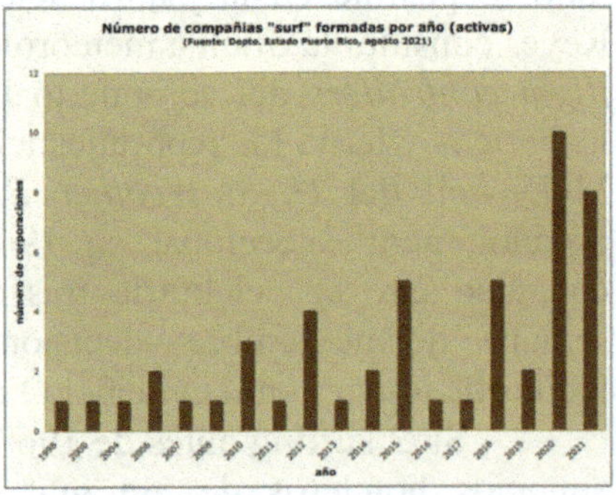

Gráfica 8: Número de compañías formadas relacionadas al deporte luego de 2000[50]

Antes de 1950, no existía tienda alguna del deporte en la isla, indicando cuán grande ha sido el cambio social y comercial en sus contornos.

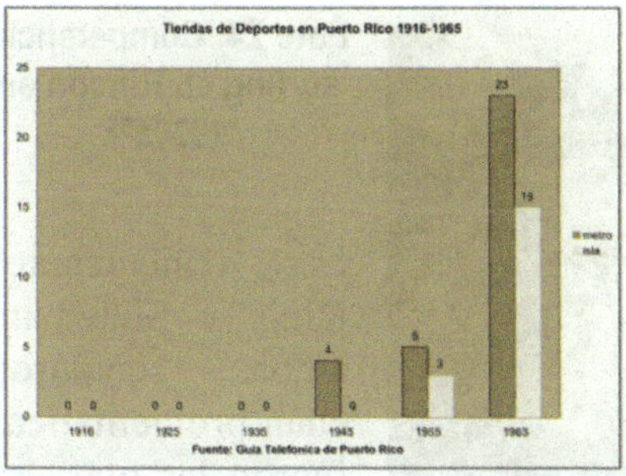

Gráfica 9: Tiendas de deportes en Guía Telefónica de Puerto Rico

La mejor perspectiva de la competencia mundial de 1968 quizás nos la ofrecen las féminas que atendieron del evento: Susan King, Ann Shawhan y la impresionada Angela Abbatiello de la misma edad que Machuca (14 años). Abbatiello estuvo tan impresionada, que decidió participar por largos años en la Federación Puertorriqueña de Surfing como secretaria luego del evento.[51]

Abbatiello, cuyo padre fue el reconocido experto en concreto quien construyó la Alcaldía de Bayamón, cuando se le había dicho que era imposible hacerlo[52], llegó a las mundiales con una amiga mayor de edad. En las noches dormían protegidas en la misma Volkswagen minivan que habían utilizado para llegar a Rincón. En aquel entonces no había la autopista, y tomaba más de 5 horas de paciencia para viajar por la costa norte de la isla, de pueblo en pueblo.

Al llegar, toda el área estaba cubierta de casetas de campaña, refiriéndose al evento como un tipo de "mini-*Woodstock*". Presentaban películas en las paredes, había música por todas partes y en general fue un ambiente caótico pero jovial—excepto, por supuesto, cuando se robaron 30 tablas de los competidores.[53] Lo peor de todo es que había tanta gente y congestión vehicular, que era imposible visitar el pueblo de Rincón, que en un día regular quedaba a solo 7 minutos en carro. "El sábado había miles de personas y era imposible a mediodía llegar hasta el sector donde se celebraban las eliminatorias y finales femeninas."[54]

Foto 24: Competencia surfing en Rincón en 1970s[55]

Las concursantes King y Shawhan, ambas señalaron cuán problemáticas fueron las olas esa semana; estaban '*choppy*' y pequeñas, lo cual no resultó en un buen desenlace. "Desgraciadamente", señaló el Presidente de la Federación Internacional de Surfing (ISF) Eduardo Arenas el 12 de noviembre, "el mar no quiere cooperar con el campeonato."[56] Aún al próximo día, "cuando los organizadores tuvieron la intención ayer de continuar …ni siquiera consiguieron ver las olas chicas para celebrar los cuartos de finales y finales del campeonato." [57] Una porción sustantiva de los siete días designados para el evento se perdería por esta razón.

El continuo problema ante la incertidumbre de las condiciones del mar en la planificación de competencias internacionales—en el cual competidores no podían fácilmente regresar a sus hogares—sería una jaqueca persistente para los planificadores hasta la década de 1990. [58] Siete días no era una ventana de tiempo lo suficientemente amplio para el nivel de la ciencia y tecnología de la meteorología de aquel momento.

Aún así, el número de competidores en la competencia se fue reduciendo rápidamente, de 208, a 96, a 74 y, para la final, 28 surfers. Entre estos 28 se encontraban Tommy Hardy, Fernando Valdés y Candy Chase representando a Puerto Rico.[59] Chase se enfrentó a "cinco experimentadas competidoras[60]" En la playa de "Doña María," ella logró derrocar a Janisi Dimosrki de la costa este de Estados Unidos, siendo elogiada por el juez Peruano Guillermo Wiese ante su futuro desempeño en el deporte.[61] Pero, aun así, no llegó a la final. Shawhan, quien originalmente era competidora de revelo, no logró obtener una posición en las semifinales. La decepción mayor quizás la sintió King, quien prefiere olas grandes. Luego del concurso, King viajó a Hawai donde surfeó las enormes olas de Sunset por varios meses en lo que estudiaba en una universidad al opuesto lado del mundo. Las olas de la competencia no midieron adecuadamente su calibre como atleta.[62]

La decisión de haber tenido las finales de las féminas en oleaje tan pequeño, probablemente debido a la presión de tiempo, fue bochornoso debido a que no pudieron demostrar sus plenas habilidades en el deporte. Shawhan quería que Margo Oberg[63] ganase, debido a su buen y fluido estilo; su rival Joyce Hoffman tenía un estilo 'de tosco varón' que se asemejaba al del ganador Fred Hemmings. Ambos 'atacaban' la ola como si estuviesen jugando un brusco juego de fútbol norteamericano, careciendo de la fineza y el estilo de otros contrincantes—una interpretación algo exagerada vista medio siglo después.[64] Como señaló Carrero, el concurso fue una medida del pasado y no del futuro; el estilo procedente de la tabla corta todavía no había arribado.[65]

Foto 25: Ganador Fred Hemmings[66]

Para muchos de los participantes, lo más impresionante fue la atmósfera social del evento. King, quien se convirtió en la primera pilota fémina de la aerolínea *PanAmerican*, destacó cuán impresionada estuvo con su interacción con otros surfers del resto del mundo. El poder compartir experiencias similares con surfistas de Australia y Hawai de hecho fue una experiencia tan grata, que mientras estudiaba su bachillerato en Hawai pocos años más tarde, decidió trasladarse a la mejor escuela de aeronáutica en Estados Unidos para conseguir su licencia de piloto con la cual podría viajar el mundo.[67]

King relató que el ambiente en el agua era uno de compañerismo, en vez de violento choque. Aunque naturalmente tuvo su rivalidad con las otras competidoras, el ambiente por lo general era de mutuo amiguismo. King y Shawhan típicamente pasaban el atardecer con los restos de los surfers jugando cartas, contando cuentos y compartiendo juntos la experiencia de su vida[68]—semejante a la experiencia de Bloomquist quien había recogido a Ben Aipa y otros en el aeropuerto principal en Isla Verde.[69] Al ser el único miembro del equipo Hansen, este compañerismo tuvo que haber sido muy grato para la hábil concursante. Dos años más tarde, el equipo puertorriqueño, que incluyó los compañeros de clase en la Robinson King y Bloomquist, irían a Australia para competir en esas mundiales.

Stephanie Cabrera, una posible concursante que no llegó a las eliminatorias en San Juan, también señaló la existencia del amable ambiente de mutua reciprocidad que existía entre los surfers en aquel tiempo. Para ella, la ausencia de "*leashes*" atando los surfers a sus tablas daba que se estuviesen mutuamente ayudando. En aquel entonces, caerse de la tabla tenía sustancialmente mayores costos energéticos. Si a uno se le caía la tabla, otra persona típicamente la recogía en lo que salía al "*lineup*", arrastrando el tablón con su pie o la mano. Cabrera señaló que no era un respeto o ayuda automática, sino algo que uno se tenía de ganar demostrando igual reciprocidad de antemano.[70] Como señalaron Michael Gutiérrez y John Damm, respetar la jerarquía social era una lección de vida para todo surfista—a unos más que otros.[71]

Para Shawhan, quien también estudió en la escuela Robinson, el evento fue un deleite. Igual que King, quien diseñó sus propias tablas para que estuviesen más a la medida con su tamaño y peso, Shawhan se dio cuenta que los bikinis de la época simplemente no eran adecuados para las féminas practicantes. Junto con una amiga, cosieron un traje de baño más deportivo que el sensual bikini francés—que también les ayudaba retener la ropa puesta ante las enormes presiones del agua por encima y debajo de la superficie.

Lo que más le gustó a Shawhan fue compartir con las féminas de Nueva Zelanda, en particular con Penny Whiting. En sus pocas rondas de competencia en el evento, Shawhan estuvo en el agua junto a ellas.[72] Por contraste, los varones californianos y hawaianos no tenían compunción alguna de quitarle la ola o de hacerles 'maldades'.[73] Con una que otra excepción, para Shawhan, quien compartió con King toda esa semana, las competencias mundiales del 1968 fue como haber tenido unas pequeñas vacaciones inolvidables.[74]

Foto 26: Surfer de relevo Ann Shawhan[75]

Es algo peculiar que las olas hubiesen estado tan pequeñas para la mayoría del evento. En esa época, se desconoce la fecha precisa, una enorme marejada había llegado a las costas de Puerto Rico, que de haber arribado en esa semana de noviembre (1968) no cabe duda alguna que hubiesen tenido que haber cancelado la competencia mundial. No sabemos cuan grande exactamente estuvieron las olas durante esa impresionante marejada, pero la evidencia testimonial indica que pudo haber sido unos 50 pies de alto o más.[76]

Willie Julia y Mundy Fernández habían ido a Rincón para surfear, y estuvieron estupefactos del tamaño de las olas en 1966.[77] Aunque ya estaban acostumbrados a surfear en grandes marullos, las olas durante esa semana estuvieron descomunales, como las del Huracán David (1979) surfeadas en Crashboat por Néstor Ramírez y René González en una sesión épica días después del evento meteorológico.[78]

Foto 27: Playuela (Crashboat) en Aguadilla (1959)[79]

Mundy tuvo razonables dudas en tirarse al agua en Tres Palmas (Rincón), lo que a *prima facie* parecía ser una sentencia de muerte.[80] Pero el atrevido Willie lo convenció para que, por lo menos, se mojaran y nadaran afuera del pico. Pero las olas estaban tan grandes, que ambos llegaron a encontrarse casi 'mar afuera' para evitar ser una estadística más en los ahogamientos de Puerto Rico. Para Julia, fue casi como enfrentarse a Dios.[81]

Debido al carácter refractario de la energía oceánica en Rincón, la cual se disipa a manera que las olas se mueven al sur, no cabe duda alguna que de los dos haber vivido en Hawai, ambos hubiesen fallecido en su intento, como Dickie Cross y Woody Brown en 1943—el último quien milagrosamente logró llegar a la playa con su vida pero sin sus calzones debido a las enormes presiones del violento mar en Sunset.[82] Willie tomó lo que parecía ser una pequeña ola de 10 pies de atrás (20 pies por frente), y arrancó para la orilla mientras que Mundy sabiamente ya había empezado a paletear de regreso—para nunca jamás olvidarse de aquel día.[83]

Ricky Bloomquist vió un enorme marullo en 1968 y, al ser surfer, pudo apreciar adecuadamente la enorme cantidad de energía y poder desplazado ese día. Las olas habían estado tan enormes, que el espumero y el agua llegó hasta el borde de la Escuela Robinson en la calle Nairn, a unos mil pies de distancia de la playa. A su paso, destruyó porciones sustantivas del vecindario pobre de La Perla en Viejo San Juan, como lo había hecho en 1962.[84]

Bloomquist fue con unos amigos a Bajamar a ver las olas desde el Capitolio—La Ocho, La 5 y la 21/2—y se le hizo difícil creer lo que estaba mirando. Las olas eran tan altas, que parecían estar al nivel de ojo desde el acantilado, que pondría el oleaje ese día en unos 88 pies de alto de acuerdo a Pitágoras—no muy diferente a la sensación que uno obtiene cuando ve las olas de Nazaré.[85] Nadie en la zona metro se metió al agua en Bajamar aquel día, lo que hubiese sido casi un suicidio hacer; meramente las fuerte corrientes hubiesen dejado varados contra un acantilado o en el medio del mar abierto al ciego necio que lo hubiese intentado.[86]

Eric Friedman Sr., por su parte, intentó ir a Caballos en esos días, al cual se llega por Boca de Cangrejos. Relata que la carretera al otro lado del puente para llegar a Piñones estaba completamente inundada. Cuando miraron hacia mar afuera, lo único que podían ver eran murallones que cubrían todo el horizonte. Lo que se conoce como el 'canal' de Caballos estaba completamente cerrado, imposibilitando cualquier intento de surfear en el área. Lo mejor que pudieron hacer ese día fue ir a Pine Grove, al otro lado de la bahía, y disfrutar de las pocas oportunidades disponibles: pequeñas olas para gremasos.[87] Algo era mejor que nada.

No podemos dudar la autenticidad de las experiencias de Eric, Ricky y Willie pero hay un alto nivel de probabilidad que el mes y año correcto el evento marítimo fue febrero de 1969. Para esa fecha se reportó uno de los más poderosos '*nor'easters*' o frente frio en la historia de Estados Unidos.[88]

Usando los mapas de la biblioteca digital de la NOAA, podemos ver el problema que tuvo José Rodríguez Reyes en la planificación del evento, realizada con unos 3 años de anticipación—lo que todavía hoy sería imposible establecer una fecha certera de buenas olas para el evento. Sabiendo que las mejores olas venían para los meses de noviembre y febrero (y no diciembre), tomaron una ‘adivinanza educada[89] para la determinación calendárica del evento.[90]

En las gráficas meteorológicas de 1968, podemos ver cómo el frente frío se fue aproximando a Puerto Rico, moviéndose lentamente desde el noreste de Estados Unidos durante la semana del concurso ante la frustrada expectativa de sus planificadores.[91]

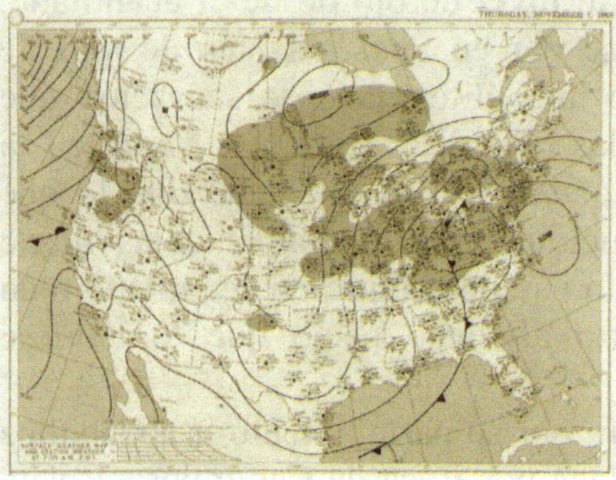

Gráfica 10: Frente frío, jueves, 7 de noviembre de 1968

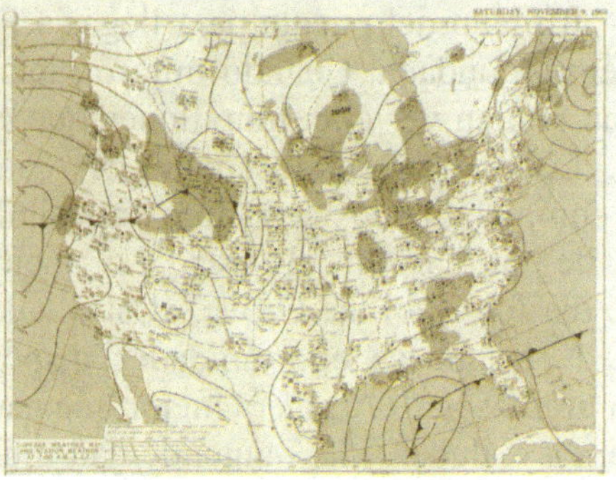

Gráfica 11: Frente frío, sábado, 9 de noviembre de 1968

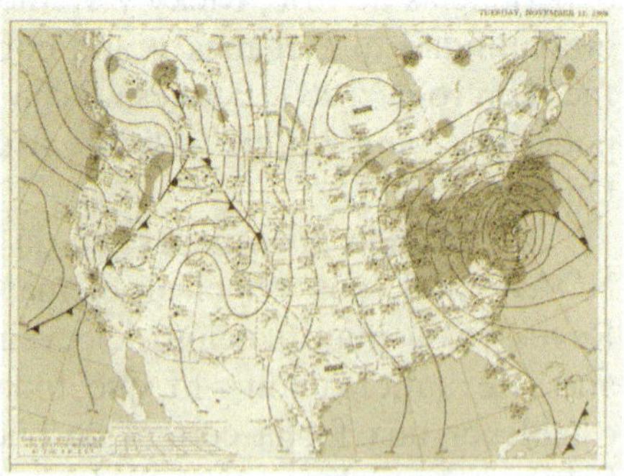

Gráfica 12: Frente frío, martes, 12 de noviembre de 1968

Incluso, el año previo a la “mundial” de surfing en Rincón también hubo oleaje sustantivamente más grande en los concursos locales. Stephanie Cabrera había tenido mucho reparo en competir aquel día en 1967 en La Ocho. Estimó que las olas estuvieron rompiendo unos 12-15 pies de alto, afuera del "hongo" sobre la superficie del agua que se forma en La Ocho, y pensó que seguramente cancelarían el evento. Pero Rodríguez Reyes no lo canceló y Cabrera tuvo que armarse de valor y remar afuera para la sesión de féminas en esa competencia, junto a Chase y King. Irónicamente, mientras que Chase tuvo un mal rato, la *goofy-footer* Cabrera pudo posicionarse en el lugar idóneo del pico, tomando las mejores y más grandes olas, ganando así el premio de féminas en el concurso—el segundo de tres trofeos que recibiría en el deporte.[92]

Si Rodríguez tuvo reparos con el alto oleaje ante los jóvenes aquel día, no lo dejó saber. [93] El *umpire* hizo la llamada correcta ante las impredecibles situaciones que típicamente se daban en todos los concursos.[94] Hay indicios que el cambio climático está reduciendo la frecuencia del alto oleaje en Puerto Rico, que podría crear un impacto nocivo para el deporte en el futuro.[95]

Pero esos marullos no fueron los únicos peligros que rodeaban a los surfistas de la isla en esos años.

Es igual de importante destacar que muchos de los lideres surfistas más importantes de esa generación no llegaron a participar en el concurso debido a la Guerra de Vietnam. Una guerra que fue heredada administración tras administración estadounidense, ella imponía su fría mano sobre los jóvenes varones entre 1964 y 1973, poniendo el World *Surfing Championship* del 1968 justo en el pico de la curva S de su crecimiento. Los jóvenes varones del 1968 peleaban guerras dentro y fuera del agua, que ciertamente tuvo que haber impactado su sentido colectivo y jovial actitud. Una competencia de surfing, no importa que fuese "mundial" era de trivial tamaño al lado de los peligrosos explosivos que se estaban dando al otro lado del mundo—reto que ciertamente no sentían las féminas esa semana al no estar sujetas al *draft* miliar.

Uno de estos fue Ted Ferguson, hermano mayor de los 'hermanos Ferguson', quien ganó la primera competencia de surfing en Puerto Rico en el 1965, seguido por Eric Friedman quién ganó en la categoría "*Open*".[96] Ferguson estaba casi destinado a participar en el evento, de no haber sido de no haber sido por su incursión a la marina mercantil en 1967.[97] Friedman, como Betancourt, comenzó una nueva familia, dando a que solo pudiera ver el concurso como espectador.[98] El hijo pródigo Ed Valencia, cuya casa llegó a convertirse en temprano núcleo de la primera generación de surfistas, había tenido un padre militar quien lo envió a una escuela de internado[99] en esos años, inhibiendo así su participación en la importante competencia.[100]

Foto 28: Ricky Bloomquist, Jorge Machuca, Darryl Gómez, Rogelio Varas y Rocky Solo[101]

Durante la entrevista sobre los eventos de esa época, Tom Ferguson se conmovió al recordar todos sus amigos que fueron a la guerra para nunca regresar, en cuerpo o espirito. Solo el 21% de todos los municipios en Puerto Rico no sufrieron pérdida alguna de sus hijos durante la Guerra de Vietnam, un porciento sustantivamente mayor que el de la Segunda Guerra Mundial. La siguiente gráfica demuestra las pérdidas de soldados puertorriqueños en Vietnam, relativo a las de la Segunda Guerra Mundial.

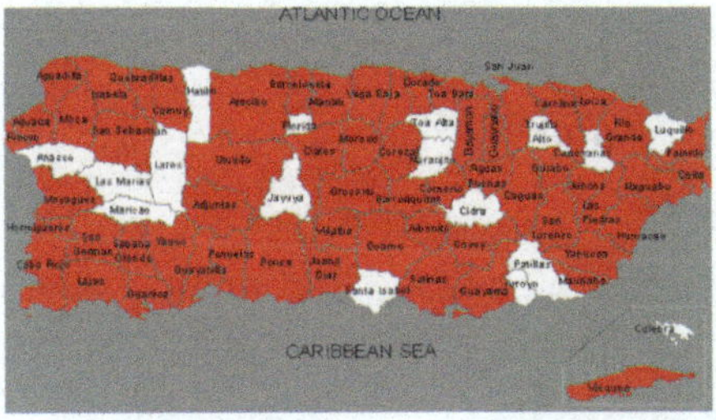

Gráfica 13: Procedencia de soldados puertorriqueños muertos durante la Guerra de Vietnam[102]

Gráfica 14: Procedencia de soldados puertorriqueños muertos durante la Segunda Guerra Mundial

Sin duda alguna, el *World Surfing Championship* de 1968 fue una de las mejores distracciones que esos jóvenes pudieron haber tenido en tan duros y tensos momentos. Después de todo, el concurso "mundial" de 1968 fue solamente eso: una muy entretenida distracción que lamentablemente no reveló la actual habilidad de sus competidores.

El océano nunca sigue un reloj o calendario fijo y predeterminado.[103] Las mejores olas no esperan hasta que se celebre un concurso para aparecer del profundo océano azul. Los grandes marullos que salen de la nada están hechos solamente para los valientes dispuestos a tomar ventaja de la inesperada oportunidad que el universo les ha puesto a sus manos. En contraste con los concursos de belleza que son las competencias de surfing, raramente hay un lente de cámara disponible para capturar los más inolvidables momentos en la vida de los "*soul surfers*", cuyos logros milagrosos tienden a solamente quedar capturados en las anécdotas vividas que se cuentan entre sus buenos amigos, sentados en la playa ante una fogata y el cielo estelar, contemplando el universo.

Notas

[1] Janet Abbate, *Inventing the Internet* (Cambridge, MA: MIT Press, 2000).
[2] "World Surf Contest 1968 Rincón Puerto Rico" *YouTube*, accessed June 7, 2019, HTML: https://youtu.be/Gy6vTH71izg.
[3] Rodrigo Fernós, *Science and Sovereignty: Western Ideas about Science and Nation and their Expression in Puerto Rico and the Caribbean* (Corpus Cristi, TX: VirtualBookWorm 2021).
[4] Entrevista Jorge Machuca.
[5] *El Mundo*, 8 de noviembre de 1968, p. 29.
[6] Colección personal Ricky Bloomquist.
[7] La formación de equipos se convirtió en uno de los medios mas importantes—el contacto directo con buenos surfers—que tuvieron las compañías para realizar ventas.
[8] Algunos criticaron a Cheyene Horan por sus innovaciones, tal como las amarillas quillas de estrella que este autor exitosamente usó en grandes marullos de La Ocho para mediados de los 1980s.
[9] Colección personal Miguel Meléndez.
[10] Jefferson Wagner, *Surfboard Wax: A History* (Atglen, PA: Schiffer Publishing Ltd, 2007).
[11] Kenvin, passim.
[12] Otro factor fue la incomodidad que sintieron en la fría agua con los *wetsuits*, del cual ninguno de los practicantes de Puerto Rico se acostumbró—incomodidad que todo entrevistado ha notado al surfrear en mares fríos. Entrevista Richard Bloomquist.
[13] Entrevista Richard Bloomquist.
[14] Luego de graduarse de la escuela secundaria, Chase regreso a Vermont. Entrevista Richard Bloomquist.

[15] Después de todo, un poco-educado joven estadounidense que no había participado directamente en los avances de su sociedad, se atribuía rasgos a sí mismo del cual el mismo se beneficia en un fenómeno conocido como el '*free rider problem*' en la economía—solo que en este caso se ve reflejado en la competencia inter-social (entre miembros de diferentes colectividades) en vez de la intra-social (entre miembros de una misma comunidad) que tiende a definir el término.
[16] Los datos están basados en entrevistas y los provistos por el portal de la *Encyclopedia of Surfing*, HTML: https//eos.surf.
[17] Ibíd.
[18] *TV Guía*, 11 de septiembre de 1950.
[19] No se encuentra descripción o referencia alguna a la música de surfing en varios estudios musciológicos. María Luisa Muno, *La Música en Puerto Rico: Panorama Histórico-Cultural* (Sharon, Connecticut: Troutman Press, 1966), cápt. 5; Héctor Campos Parsi, ed., *La Decadencia del Nacionalismo: Los 60*, en *La Gran Enciclopedia de Puerto Rico*, vol. 7: *Música* (San Juan, Puerto Rico: Vicente Báez, 1981.); Cristóbal Díaz, *Discografía de la Música Puertorriqueña, 1900-1942* (San Juan, Puerto Rico: Publicaciones Gaviota, 2009); "Urban Music and Dance" en *Music and Dance in Puerto Rico from the Age of Columbus to Modern Times; an annotated bibliography*, ed Donald Thompson and Annie F. Thompson (Metuchen, NJ: Scarecrow Press, 1991), pp p239-250.
[20] *TV Guía*, 11 de mayo de 1963.
[21] *TV Guía*, 12 de marzo de 1966.
[22] Debido a su carácter innovador, Brown tuvo alguna dificultad llevando su filme a la pantalla popular.
[23]*¿Qué Pasa?*, 15 de junio de 1963, p. 6; Entrevista René González.
[24] *El Mundo*, 6 de noviembre de 1968.
[25] *¿Qué Pasa?*, 16 de marzo de 1950
[26] *¿Qué Pasa?*, junio 1950.
[27] *¿Qué Pasa?,* abril 1959.
[28] *¿Qué Pasa*? octubre 1967.
[29] *¿Qué Pasa?,* septiembre 1965; julio 1973.
[30] *El Imparcial*, 10 de noviembre de 1968.
[31] *El Mundo*, 8 de septiembre de 1967, p. 28.
[32] *El Mundo*, 23 de sept 1967, p. 38.

[33] Entrevista Susan King.
[34] *El Mundo*, 8 de septiembre de 1967.
[35] Eddie Figueroa, "Surfing" *Puerto Rico Ilustrado*, 3 de junio de 1967, p. 10.
[36] Ibíd.
[37] ""Deportes Peligrosos ", *El Mundo*, 18 de septiembre de 1967, p. 6.
[38] *El Mundo*, 29 de septiembre de 1967.
[39] *El Mundo*, 21 de octubre de 1967.
[40] *El Mundo*, 28 de septiembre de 1968, p. 39
[41] Colección personal Miguel Meléndez.
[42] Estos incluyeron a: Jorge Machuca, Tommy Hardy, Fernando Valdéz, Mike Gonzales, Ricky Bloomquist, Juan Rosa, Rogelio Varas, Guillermo Real, Jaime Martínez, José Rodríguez Reyes, Duke Michaels, Richard Solo y Aloan Reibe.
[43] *El Mundo*, 9 de noviembre, p. 35.
[44] *El Mundo* 23 de octubre de 1968, p 54.
[45] Ibíd.
[46] *El Mundo*, 9 de noviembre de 1968, p. 31, 35.
[47] Entrevista José Rodríguez Reyes. Cuando Hemmings planificó un concurso en Pipeline, se puso tan nervioso que determinó la fecha prematuramente. Al próximo día de la competencia, las olas de Pipeline se pusieron épicas. Hemmings, *Soul of Surfing*, passim.
[48] *¿Qué Pasa?*, enero 1968, p. 26.
[49] "*Good surfing beaches are found along Puerto Rico's north and west coasts. Most popular are the Pine Beach Grove in Isla Verde (San Juan) and Punta Higüero, Rte. 143, between Aguadilla and Rincón on the west coast, where the 1968 World Surfing Championship was held.*" *¿Qué Pasa?*, enero1973, p. 33. Esta descripción particular aumentaría el número de puntos de surfing en la isla a través de los años.
[50] Data basada en el portal del Registro de Corporaciones del Departamento de Estado de Puerto Rico.
[51] Entrevista Angela Abbatiello.
[52] De acuerdo con Abbatiello, pretendían utilizar paredes de concreto previamente preparado, como por módulos, pero su padre señalo que quedaría severamente debilitado.
[53] Carlos J. Carrero Morales, "Marejada Cultural: Breve Historia de los comienzos del Surfing en Rincón, Puerto Rico" en *La Patria*

Deportiva: Ensayos sobre historia y cultura atlética en Puerto Rico (San Juan, Puerto Rico: Editorial Arco de Plata, 2018), p. 319.
[54] *El Mundo*, 11 de noviembre de 1968, p 24.
[55] Esta fotografía no es de 1968, sino que fue tomada durante la siguiente década. No obstante, ayuda a proveer una idea del ambiente. Colección personal Monty Smith.
[56] *El Mundo*, 12 de noviembre de 1968, p. 21.
[57] *El Mundo*, 13 de noviembre de 1968, p. 49.
[58] Para el Campeonato Mundial de Surfing de 1988 en Puerto Rico, la ventana de tiempo se amplió a 10 días. No obstante, no sería hasta la llegada del internet que se tendría mayor certeza de estos. Entrevista Pepe Álvarez.
[59] *El Mundo*, passim. La data con respecto al número de concursantes reportados es algo inconsistente.
[60] *El Mundo*, 11 de noviembre de 1968, p. 24.
[61] Ibíd.
[62] Entrevista Susan King.
[63] "Margo Oberg" es el nombre de matrimonio; su nombre de soltera era "Margo Godfrey".
[64] Entrevista Ann Shawhan.
[65] Carrero, p. 319. Las tempranas asociaciones con el surfing de Hemmings también fueron conservadoras, como su membresía en el *Outrigger Canoe Club*.
[66] Colección personal Miguel Meléndez.
[67] Al haber "shapeado" (en ingles '*shaped*') dos tablas para sí misma, más cortas y livianas hechas a su medida. King ahora vive en Utah y es propietaria de dos escuelas con 20 aviones en total. Entrevista Susan King.
[68] Ibíd.
[69] Enrevista Richard Bloomquist.
[70] Entrevista Stephanie Cabrera.
[71] Entrevista Michael Gutiérrez; Entrevista John Damm.
[72] King destacó que hubo por lo menos 4 a 5 sesiones de féminas por cada concurso. Ibíd.
[73] En una ocasión, un jocoso David Nuuhiwa dio la impresión de estar dirigiéndose directamente a ella, cuando repentinamente cambió de curso, dándole un salpicón de agua en la cara mientras que se reía.
[74] Entrevista Ann Shawhan.

[75] Colección personal Ann Shawhan.
[76] Ciertamente podemos señalar que simulaciones hechas por CARICOOS apuntan a una máxima altura de unos 25 pies, y de igual manera su gráfica histórica solamente llega hasta 1977. Pero, simulaciones siempre son eso, modelos matemáticos hipotéticos, que no necesariamente encajan con hechos históricos. Bob Sheets and Jack Williams, *Hurricane Watch: Forecasting the Deadliest Storms on Earth* (New York: Vintage Books, 2001).
[77] Parece haber alguna confusión de fechas (1966) el año en que ocurrió el evento. No obstante, sus descripciones se asemejan a las de Bloomquist.
[78] Se puede encontrar análisis de la data en http://www.canalsresearch.com/.
[79] "Paisaje de La Playuela" *Colección fotogáfica El Mundo* (UPR-RP), bi6#1044109, 1 de septiembre de 1959.
[80] De hecho, la mayoría de las heridas del deporte ocurren en olas pequeñas por sus propias tablas, posiblemente debido que son en las que la mayoría de los surfistas corren. Mark Stranger, *Surfing Life: Surface, Substructure and the Commodification of the Sublime* (Surrey, England: Ashgate, 2011), p.95-97.
[81] Entrevista Willie Julia.
[82] El cuerpo de Cross nunca fue recuperado.
[83] Ibíd.
[84] Entrevista Ricky Bloomquist.
[85] Si una persona de 6' de alto sobre un acantilado de 38' mira una ola a su nivel unos 1,250' de lejos, nos da que el ángulo de visión es de 2.02° (2x). No obstante, aunque los periódicos de la semana indicaron altas olas, no sugerían el tamaño indicado por Blooomquist. "Angle Size Calculator" HTML: https://www.1728.org/anglesize.htm. Entrevista Pedro Enoch Gelabert. Para información topográfica ver mapa "Puerto Rico topographic map", HTML: https;//en-us.topographic-map.com/maps/zey/Puerto-Rico; *El Mundo* 11-12 de febrero de 1969. "El oleaje que azotó las costas de la Isla en su región noreste puso ayer una nota de alarma en los sectores de la Perla. Las cosas, sin embargo, no llegaron a mayores y los vecinos del típico rincón sanjuanero, veteranos ya de esta clase de emergencia, demostraron tomar las cosas con bastante sangre fría."; *El Mundo* 13 de febrero de 1969, p. 19. En 1962 hubo un marullo que impactó La Perla.

[86] Entrevista Richard Bloomquist.
[87] Entrevista Eric Friedman Sr. Un "gremaso" es un principiante del deporte.
[88] "February 1969 nor'easter" *Wikipedia*, HTML: https://en.wikipedia.org/w/index.php?title=February_1969_nor%27easter&oldid=1026672624.
[89] "*Educated guess*" en inglés.
[90] Notamos también que las competencias en esa época podían ser fácilmente ajustadas de no haber olas, un evento internacional donde los concursantes y los organizadores gastaban cantidades sustantivas de fondos para el mismo simplemente no había manera alguna para posponer su fecha. Simplemente hicieron lo mejor que pudieron, "inventándoselas" durante la semana del evento: demostraciones de surfing individual, competencias de *paddleboarding*, y otros entretenimientos para mantener a los concursantes y a la audiencia apaciguada. Entrevista José Rodríguez.
[91] U.S. Department of Commerce, *Daily Weather Maps, Weekly Series Nov. 4-10, 1968* (Silver Spring, MD: Environmental Science Services Administration, 1968); U.S. Department of Commerce, *Daily Weather Maps, Weekly Series Nov. 11-17, 1968* (Silver Spring, MD: Environmental Science Services Administration, 1968).
[92] Entrevista Stephanie Cabrera.
[93] Entrevista José Rodríguez Reyes.
[94] Entrevista Angela Abbatiello.
[95] Hubo por lo menos 3 eventos de marejadas grandes durante los fines del 1960, que causó daño sustantivo a las costas. De acuerdo con el meteorólogo Scottt Stripling, el número de estos se ha reducido desde entonces, como también observó casualmente Néstor Ramírez, reconocido fundador de las tablas Pelícano. Entrevista Néstor Ramírez. Comunicación con Scott Stripling de la NOAA, 22 de agosto de 2021; Peter T. Spooner et al, "Exceptional 20th Century Ocean Circulation in the Northeast Atlantic" *Geophysical Research Letters* 47 (April 17, 2020), p 1-10, HTML: https://doi.org/ 10.1029/2020GL087577; D. J. Thornalley et al., "Anomalously weak Labrador Sea convection and Atlantic overturning during the past 150 years" *Nature*, 556 (7700), p. 227-230. HTML: https://doi.org/10.1038/s41586- 018-0007-4

[96] Ferguson de 17 años ganó con 723 puntos; fue seguido por Duke Michael (571), José Rodríguez (569), Miguel González (516) y Guillermo Bermúdez (533). "Ted Ferguson, Sedlar Campeones del Torneo Estatal de 'Surfing" *El Mundo*, 7 de noviembre de 1965, p 33; Entrevista Eric Friedman.
[97] Entrevista Tom Ferguson.
[98] La siempre-amable madre de José Rodríguez acogió en su cuarto del Mayagüez Hilton a Friedman y a su esposa con varios meses de embarazo. Su hijo, Eric Friedman Jr., se convertiría en un reconocido surfer de Puerto Rico durante la década de 1980. Entrevista Eric Friedman.
[99] "*Boarding school*" en inglés.
[100] Valencia tuvo que salvarle la vida a un amigo en un concurso cuando se le perdió la tabla, perdiendo así la sesión.
[101] "Campeonato Estatal de Surfing", Colección Digital *El Mundo*, Universidad de Puerto Rico (Río Piedras).
[102] "U.S. Military Fatal Casualties of the Vietnam War for Home-State-of-Record: Puerto Rico", HTML: https://www.archives.org/files/research/military/vietnam-war/casualty-lists/Puerto Rico-alpha.pdf. Lo podríamos contrastar con la lista de la Segunda Guerra Mundial. Basado en nombres provistos Rosa Linda Marrero Marrero, *Puerto Rico en la Primera Guerra Mundial, 1914-1918* (San Juan, Puerto Rico: Rosa Linda Marrero Marrero, 2011).
[103] Entrevista Ed Valencia.

5 Los Jíbaro Boys

El desarrollo autóctono del surfing puertorriqueño, 1960-1977

Pinta tu vida...

Frambuesa piragua.
Blanco como el coco.
Amarillo mango.

Verde quenepa.
Azul de adoquines.
Rojo flamboyán.
Turquesa del mar.

Los colores de mi tierra,
Nuestros colores...

-Anuncio Harris Paints

Ese anuncio que solía aparecer en el cine puertorriqueño durante la década de 1970 se hizo icónico al segundo que apareció en la pantalla cinematográfica, con profundos ecos que reverberaban en el alma de todo boricua sobre lo que significaba ser puertorriqueño —no muy diferente al impacto de los anuncios que se daban tempranamente todos los sábados por la mañana, en el cual se podía escuchar el himno puertorriqueño junto a semejantes imágenes del paisaje isleño.[1] Cuando el anuncio de la Harris Paints aparecía en la pantalla, todos en la sala usualmente se ponían a cantar altamente, vociferando su ritmo africano y lírica española en uno de los pocos momentos de genuina instantaneidad patriótica que he presenciado en mi vida—canción que ahora raramente nuevas generaciones pueden escuchar en los cines o en sus celulares o tabletas, tan abultados del identidario estadounidense.

Sin saberlo, esa canción de esta compañía de pintura fomentó un profundo sentido de orgullo puertorriqueño sobre las bellezas nativas que tan abundantemente nos rodeaban en esos años—nuestro propio Jardín del Edén. Todavía recuerdo cuando niño estar sentado junto a mi padre quien guiaba por las carreteras de la isla, palpando la suave luz solar que se percollaba entre los rojos techos de flamboyanes que cubría la carretera en ruta a Rincón, Boquerón, Maricao o a Jayuya. La canción es icónica precisamente porque captura muchos de los elementos comunes de la vida cotidiana puertorriqueña: la piragua, el adoquín y la quenepa—aspectos que se tienden a perder de menos y añorar por el que trágicamente se ve forzado a emigrar de la isla.

El surfing en este sentido ayudó a fomentar el patriotismo puertorriqueño debido que, al salir para visitar los distantes puntos de surfing al otro lado de la isla, trasladándose desde la congestionada urbe metropolitana a San Juan a las más calmada y verde zona del noroeste, el surfing naturalmente fomentó un mayor acercamiento del surfer puertorriqueño con las bellezas que se encontraban en su propio patio.[2] El deporte produjo el mismo sentimiento nacional profundo que era construido en otros lugares mediante complejas elaboraciones artísticas o históricas sobre lo que significaba pertenecer a una particular sociedad—sólo que en el caso puertorriqueño, se produjo natural y orgánicamente.[3] La muy breve canción sincretizó rítmicamente lo que todo puertorriqueño ya sabía y conocía en su corazón: un sentido de comunidad nacional.

Aunque Jorge Figueroa no fue el primer surfer puertorriqueño[4], no hay duda alguna que fue el primer puertorriqueño de alto calibre mundial en el deporte—una de las pocas estrellas fugases del cielo borinqueño. Machuca fue el primer "*boy*," como curiosamente se autodenominan algunos de la comunidad, a tal punto que el elevado número de personas reclamando ser el padrino o buen amigo del habilidoso deportista es algo difícil de creer.[5]

Los entrevistados para este libro testificaron sobre la prodigiosa habilidad de Machuca en las olas. Metáforas como "pies de chupón" o "atado con imanes a su tabla" dan una idea sobre su sensacional habilidad de parecer estar caminando sobre las olas—a tal punto que alegadamente se le pidió, luego de un año en la costa este de Estados Unidos, que no lo trajeran más a ese ciclo de competencias por la pela que les daba los demás contrincantes estadounidenses.[6]

Las fotografías de Machuca de este periodo en Estados Unidos, no obstante, revelan una imagen algo diferente a la alegada anécdota: una de compañerismo comunal con los surfistas estadounidense que de violentos rivales entre si. De carácter humilde fuera del agua, Machuca se ganaba la lealtad y la amistad de todos quienes llegaban a conocerle.

De baja estatura, Machuca tiene un bajo centro de gravedad, dándole una ventaja en el deporte de igual manera a las pequeñas pero impresionantes gimnastas de las Olimpiadas como Simone Biles.[7] Podemos hacer la misma observación sobre los mejores surfers como también lo fue Darryl Gómez.[8] Los surfers más "radicales" suelen ser individuos de baja estatura, lo que les permite aventajarse de las dinámicas de la física.

Lo cierto es que la particular anécdota nos empieza a dar una indicación que la vida de Machuca estuvo llena de múltiples tragedias, tanto endógenas como exógenas.[9]

Viniendo de una humilde familia afro-puertorriqueña de Carolina, su padre se había destacado de sus hermanos por lograr un buen trabajo como taxista, lo que le permitió obtener una propiedad que ahora forma parte del Hotel San Juan. El apodo de "Machuca" proviene de la madre, quien fue cuidada cuando niña por una familia del mismo apodo.[10] En esos lares, la familia también llegó a tener un pequeño bar-restaurante, semejante quizás a los múltiples chinchorros que hoy ocupan el área de Piñones.[11] Cuando los desarrolladores del Hotel San Juan le hicieron una oferta a la familia, la familia accedió al precio ofrecido, vendiendo la propiedad 'al chavo prieto'—un lote que ahora valdría varios millones de dólares.[12] Sin duda, para 1960, los valores de alquiler en la playa eran entre 2 a 4 veces de mayor valor en comparación a los precio en zonas urbanas—que se correlaciona con su mayor ingreso promedio.[13]

Desde niño, Machuca había estado visitando la playa que le quedaba a solo unas pocas cuadras de su casa.[14] Desarrolló "buenas piernas" atléticas, tan críticas para el deporte. Al carecer los *acutrements* de la clase adinerada, como los automóviles y los coches, Machuca tuvo que caminar diariamente mucho más que sus contemporáneos, dando a su mayor fortalecimiento comparativo. Cuando vió a Tom Ferguson, uno de los primeros surfistas en el área, Machuca le pidió prestado su tabla, parándose desde la primera ola que tomó en Pine Grove.[15]

Empezó a ir continuamente a la playa para tomar prestada cualquier tabla de surfing que podía para deleitarse de las olas en Pine Grove—a veces tomándolas sin permiso cuando las olas estaban muy buenas.[16]

En ocasiones se demoraba en regresar a su hogar pues estaba largas horas en la playa. En una ocasión su madre le suspendió por dos semanas, tiempo que Machuca no pudo realizar aquello para lo cual fue puesto en la faz de la tierra: surfear. Tuvo que haber sido unos muy difíciles catorce días para el joven principiante. Con tan solamente 14 años, participó en una competencia mundial de surfing junto a personas que eran el doble de su edad y tamaño; el contraste de expectativas con Abbatiello es sorprendente. No importa el desenlace, lo tenemos que reconocer por su enorme valentía esa semana de noviembre del 1968.

Pine Grove en Isla Verde se convirtió tempranamente en el protegido humedal de casi todo surfer puertorriqueño, por lo que amerita abundar un poco de su propia historia.

Mapa 14: Foto aérea Isla Verde (1930)

Durante el periodo colonial español, la zona fue dominada por la agricultura, claramente reflejado en las fotos aéreas en 1930 antes de que se desarrollara como zona turística. Carolina fue ocupada por una combinación de agregados desposeídos y esclavos, cuyo grupo había decaído como por ciento de la población desde un 26.7% (1807), a un 13.8% (1847), aumentando durante el resto del siglo debido al estimulo comercial. Toda la franja metropolitana de San Juan, que también incluye a Guaynabo, Bayamón y Río Piedras, era constituida por tierras dedicadas al azúcar previo a 1898, lo que explica la alta incidencia afro-puertorriqueña en la región de Piñones.[17]

Carolina en el antaño también era parte de Trujillo Bajo, que a su vez pertenecía a Trujillo Alto. En 1851 Trujillo Bajo se separa de Trujillo Alto y, seis años más tarde, se separa Carolina—dando a que Trujillo Bajo se declarara poco después en bancarrota, irónicamente siendo anejado como parte de Carolina en 1873.[18] Por otra parte, San Mateo de Cangrejos fue disuelto en 1863 cuando el Hato de Cangrejo es anejado a Carolina en el mismo año.

Mapa 15: Isla Verde (1947) [19]

Luego del cambio de imperio en 1898, el municipio de Carolina se abultó con soldados puertorriqueños regresando de pelear en múltiples guerras norteamericanas. Esto generó un crecimiento urbano influenciado por los estímulos económicos federales que sirvieron para la base de urbanizaciones como Vista Mar, Los Ángeles y Country Club.

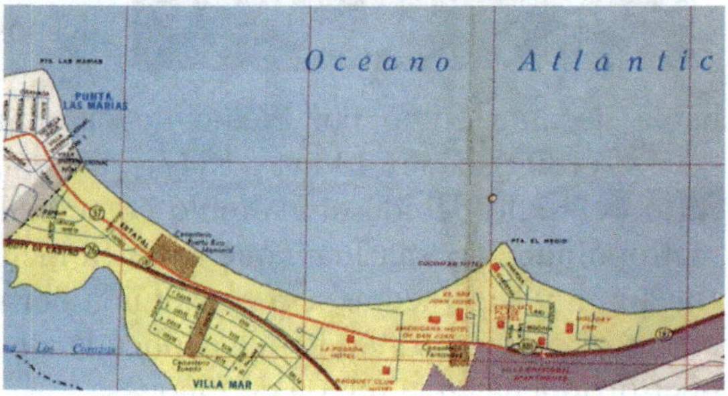

Mapa 16: Isla Verde (1955) [20]

Pero su economía no estuvo basada sobre su actual actividad local, sino por la de San Juan propio, la cual nutría la región con 70% de sus empleos. Aunque el *Coral Beach Hotel* y el *San Juan Intercontinental* ya existían para 1957[21], fue seguido tempranamente por el *Hotel San Juan* en 1958—siendo parte de una temprana oleada de condominios construidos en su litoral marítimo.

Al haber tantas ocupaciones ilegales en terrenos baldíos—semejante al fenómeno de las favelas en Brasil—unas 1,300 familias tuvieron que ser removidas de la zona, muchos de estos siendo afro-puertorriqueños; semejantes desplazamientos ocurrieron cuando se construyó a eso de mitad de siglo el Aeropuerto Luis Muñoz Marín y los Condominios Monte Sur y Monte Norte (1958) en Río Piedras, reconocidos por su inusual curvatura pero sin los abundantes árboles que los caracterizan en la actualidad.[22]

Como ocurrió con los arenales que circundan la Bahía de San Juan en la construcción de El Morro, la amplias dunas que arropaban Carolina fueron utilizadas en la construcción del aeropuerto—desapareciendo para siempre.[23]

Cangrejos Arriba, o lo que conocemos como Isla Verde por la islita situada justo al norte del pico geográfico, llegó a convertirse en una zona de alta densidad poblacional al tener las aguas turquesas como su patio principal. Pero para 1960 en lo que ahora llamamos Pine Grove, solamente existía una solitaria casa de dos pisos, conocido por los surfers como la "Casa Valencia". En la época, esa casa se convertiría en el sueño que añoraba todo surfer tener, dando fácil acceso a uno de los mejores puntos en la isla que más se asemejaba al oleaje de Hawai: Caballos.[24]

Cont'd…

Notas

[1] Algunos cortometrajes de la pancarta cinemática como "SonoSucesos" también incluían surfers tabeándose mientras corrían tablas DEAKI en el mar. Entrevista Omar Foglia.
[2] Por lo menos entre los que pertenecían a familias de mayores recursos económicos que les permitía realizar estos viajes.
[3] Miroslav Hroch, *Social Preconditions of National Revival in Europe: A Comparative Analysis of the Social Compositions of Patriotic Groups among the Smaller European Nations* (New York: Cambridge University Press, 1985).
[4] El aspecto competitivo de los "*Legends*" se demostró en competencias de salto y natación y no en el deporte del surfing, para esa época todavía no se había institucionalizado o profesionalizado en la isla.
[5] Hay un sinnúmero de paginas de "*boys*" surfistas puertorriqueños en Facebook, el mejor conocido siendo el de los "*Aviones Boys*" en Facebook. Entrevista Edgardo Hernández.
[6] Entrevista José Figueroa.
[7] Inversamente, Betancourt fue negativamente afectado en su natación por su baja estatura.
[8] Entrevista Richard Bloomquist.
[9] Existen relatos contradictorios entre sí del evento. El bote era conducido por los hermanos Acosta, una de las familias pudientes del área, a tal punto que llegaron a construir su propia rampa de botes en la playa de Pine Grove. El día del accidente, Machuca estaba sentado al borde de la popa del bote, mirando hacia adentro, cuando un súbito cambio (ola) dio a que se cayera del bote justo al lado de la hélice, el cual le hizo numerosas cortaduras en el cuerpo,

incluyendo rajaduras en el hombro y el torso, semejantes a aquellas que sufren los manatíes en nuestras costas.
[10] Entrevista Benjamín Figueroa.
[11] Entrevista Monty Smith.
[12] De acuerdo a Rodríguez Reyes, el cambio de precio del terreno aledaño a la playa en Isla Verde por cuerda fue el siguiente: $5,000 (1950), $150,000 (1960); $400,000 (1970), $800,000 (1980); $2.5M (1990). Entrevista José Rodríguez.
[13] Nina Kaiden, eds. *Puerto Rico: La Nueva Vida* (New York: Renaissance Editions, 1966), pp. 58-9. Aún en la industria petroquímica, los salarios eran bajos—que contradecía argumentos públicos. Un estudio congresional de Estados Unidos reveló el promedio salarial estar en $1.043 la hora. US Department of Labor, Wage and Hour and Public Contracts Division, *Public Hearing before the Industry Committee No. 50-B for the Chemical, Petroleum, Rubber and Related Products Industry in Puerto Rico*, Committee Hearing Room New York Department Store Building, San Juan, Puerto Rico, October 21, 24, 25, 26, 27 1960.
[14] Entrevista Benjamín Figueroa.
[15] Entrevista José Rodríguez Reyes, Tom Ferguson.
[16] Entrevista Jorge Figueroa.
[17] Fernando Picó, *San Fernando de la Carolina: Identidades y Representaciones* (Carolina, Puerto Rico: Gobierno Municipal de Carolina, 2003), cápt. 1
[18] Ceiba originalmente fue parte de Fajardo, que a su vez había sido parte de Humacao. Caguas fue parte de Las Piedras, quien también había pertenecido a Humacao, siendo luego reincorporada en 1898. Ibíd. Junta de Planificación de Puerto Rico, *Sección de Estudios Especiales, Mapa de Municipios y Barrios, Municipios Selectos* (San Juan, Puerto Rico: Junta de Planificación, 1948-1957).
[19] FLMM, Sección 5, Series 8, Subseries 11-13, "Propiedades Militares", cartapacios 46-61
[20] *Mapa Texaco de Puerto Rico*, Biblioteca de Planificación, Universidad de Puerto Rico (Río Piedras).
[21] En 1957 *El Comandante* fue construido.
[22] Ibíd., cápt. 5; Anuncio El Monte, El *Mundo*, 14 de febrero de 1969, p. 10.
[23] *Living with the Puerto Rico Shore*, cápt. 2.

[24] Entrevista Omar Foglia.

Entrevistas

(2019-2021)

Angela Abbatiello
Andrés Romeu
Ann Shawhan
Antonio "Beta" Betancourt Fernández
Benjamín Figueroa
Benjamín Meléndez
Carlos Cabrero
Carlos Carrero
Carlos José Nichols
Craig Mitchell
Dan Herlihy
Ed Valencia
Edgard Hernández
Edgardo Rodríguez López
Edwin Mauras
Eric Friedman Sr.
Ernesto Zambrana
Guy Ashton
Javier Gorbea Landrón
Jim Davidson
Jimmy Freese
"John" Jonathan Ray Damm
John Porter
Jorge Figueroa "Machuca"
Jorge Morales
José Enrique Figueroa
José Ramos Álvarez
José Rodríguez Reyes
Marcos Rodríguez
"Micco" Miguel Godínez Williams
Michael Joseph Gutiérrez
Miguel Jorge Meléndez
Mike Nelson

"Monty" James Montgomery Smith
Mundy Fernández
Néstor Ramírez
Nick Hodgkinson
Omar Foglia
Orrin H. Pilkey
"Papito" Manuel Ortíz Marrero
René González Pérez "Crab"
"Ricky" Richard Bloomquist
Roberto Chaparro
Stephanie Cabrera
Susan King (Horstman)
"Titus" Warren Meléndez Roldán
Tom Ferguson
"Willie" Willis Julia López

Continuado…

¿Quiere añadir sus anécdotas y experiencias a este libro?

Si usted fue surfer puertorriqueño, en el sentido de que se crió o aprendió a surfear en Puerto Rico y/o desarrolló sus talentos en la isla, favor relátenos su historia. No importa su país de origen, el estrato social al que pertenezca, o el color de su piel.

Esta más que bienvenido a enviarnos relatos de sus experiencias, ayudando a completar el libro de una forma más amplia y rigurosa.

Otros medios también incluyen a: "*Aviones Boys*" en Facebook (Edgard Hernández), "*Legends*" (Monty Smith), "*Surfboard Magazine PR*" en YouTube (Alejandro López Galiñares) y Carlos Carrero (Mayagüez).

Saludos,

-RF

Índice

Abbatiello, Ángela, 119, 128
Abbot, Ira, 69
África
  Moroco, 94, 106, 141
afro-puertorriqueños, 37, 40, 116, 128, 188
ahogamientos, 19, 20, 24, 84, 170
Aipa, Ben, 105, 168
Albizu Campos, Pedro, 105
Alegría, Ricardo, 43, 54, 55, 101, 138
Alonso, Manuel, 25, 47
Alter, Hoby, 62, 66, 75, 89, 95, 97, 149
Álvarez Chanca, Diego, 39
Ambiente
  AMOC, 101, 138
  arenales, 101, 189
  dunas, 7, 73, 132, 189
América Latina
  Brasil, 17, 63, 66, 134, 188
  El Salvador, 17, 107
  Méjico, 79, 163
    Yucatán, 101
  Venezuela, 18, 41, 100
Anderson, Simón, 70
animales
  ballena jorobada, 120
  langosta, 120
  manta raya, 135
  tiburón, 39
  tiburón martillo, 135
Antilles Department Swimming Championships, 113
Arenas, Eduardo, 166
Aristóteles, 16
Asia
  Australia, 56, 67, 78, 83, 131, 150, 155, 156, 157, 167, 168
  China, 63, 90
  Japón, 107, 110
  Tailandia, 63
Asociación de Entrenadores de Natación de Puerto Rico, 134
Atler, Amy, 23
Audiencia de Santo Domingo, 38
Bahía de Cochinos, 108
Bakelite, 74

Balk, Bill, 116
Balneario El Tuque, 116, 146
Balneario Escambrón, 4, 5, 109, 132, 133, 144
Banhe, Bill, 83, 98
Bayer, Otto, 60, 63, 64, 65, 66, 88, 91, 95
Berkley, John, 39
Betancourt, Antonio, 17, 24, 109, 112, 122, 143, 145, 146, 148, 149, 152, 153
Biles, Simone, 185
Bingham, Hiram, 67
Bishop Museum, 15, 67
Blackeman, Tanya, 23
Bloomquist, Richard, 9, 107, 108, 120, 129, 142, 147, 154, 155, 156, 157, 163, 168, 170, 171, 174, 176, 178, 179, 180, 181, 190, 194
Boeing Aircraft Co., 77
boogie boards, 79
Brau, Salvador, 24, 35, 45, 46, 51, 140
Brown, Woody, 170
bucaneros, 36
Buna-N, 64
Bustamente, Fernando, 21
butil, 64
C-54, 76
Cabrera, Stefanie, 168, 172, 179, 181, 194
Cabrero, Carlos, 193
Cal Tech, 72
Calderón, Cesar, 114, 146
California Surfriders, 82
cambio cultural, 6, 43, 104, 116, 136, 137
Campeche, José, 25, 46
Canal de Panamá, 110, 143
Caparra Country Club, 123, 188
Caribe, 19, 32, 36, 41, 42, 43, 46, 47, 53, 54, 55, 83, 84, 100, 101, 102, 103, 104, 110, 125, 137, 138, 148, 150, 160
  Cuba, 101, 105, 108, 111, 141
  Guadeloupe, 42, 43
  Hispañola, 38
  Islas Vírgenes, 39
  Jamaica, 123, 124
  La Española, 36
  Republica Dominicana, 46, 105
Caribes, 32, 35, 37, 42, 43, 54, 103, 138, 140
CARICOS, 132, 151
Carrero, Carlos, 9, 167, 178, 179, 193
Casa Valencia, 119, 189
Castro, Fidel, 111, 160
Catalina Surfwear, 83
catamaranes, 119
Centro América, 61
Cera, 57, 75, 77, 78, 79, 97
  Mrs. Palmers, 78
  Parowax, 77
  Sex Wax, 78
  Zoggs, 78
Ceras

SlipCheck, 79
WaxxOn/WaxxOff, 79
Chalder, Harry, 81
Chaparro Serrano, Ruperto, 9, 44, 194
Chapin, Gard, 73
Clark, Gordon, 62, 75, 89, 95, 97
Clemens, Samuel, 68
Club Náutico, 113
Cobra Internacional, 63
Cole, Peter, 69
Coll y Toste, Cayetano, 27, 28, 39, 48, 53
Colón, Cristóbal, 37, 43, 47, 54, 89, 103
colonialismo, 7, 28, 32, 38, 39, 43, 84, 100, 102, 103, 104, 120, 137, 141
Compañía de Fomento Recreativo, 22
composite, 65, 75, 84, 96, 149
corsarios (ver también piratas), 35, 36, 50
Corvette, 77
Crabbe, Buster, 123
Cross, Dickie, 170
Cruz Monclova, Lidio, 27, 48, 53
Cumberland, Lord, 39, 53
Cummings, Bob, 122
Cuneo, Michele de, 39, 52
Curren, Tom, 79
Da Vinci, Leonardo, 75
Dave Sweet Surfboards, 121
DC-3, 80, 98
de Antolín, Fransico Julián, 21
de Solís, Francisco, 35
Deporte
jogear, 82
Deportes
baloncesto, 20, 22
educación física, 21
football, 22
golf, 22, 23, 160
natación, 19, 20, 22, 23, 24, 53, 102, 112, 122, 132, 150, 160, 190
pelota, 20, 21, 22
tenis, 22, 160
Dimosrki, Janisi, 166
Diseño de tabla
hot curl, 69
Pacific Home Systems, 61
Diseño de tablas
alaia, 68
Malibu chip, 74
modulus, 76, 96
momentum, 58
olo, 67, 68
paddleboard, 73
principio de Bernoulli, 70
rocker, 68, 70
Simmons spoon, 73
snowboard, 83, 97
doble cóncavo, 70

doble quilla (*twin fin*), 70, 156
Doc Ball, 82
Dora, Mickey, 73, 94, 121
Douglas Aircraft Co., 72, 76, 79, 80
Dow Chemical Co., 61
Dowler, Randy, 79
Doyle, Mike, 77, 81, 84, 97, 121, 123, 148, 157
Dupont Co., 74, 91
Eisenhower, Dwight D., 109
Escambrón Beach Club, 132
Escuela de Medicina Tropical, 133
Escuela Vocacional Miguel Such, 125
Estados Unidos, 18, 19, 21, 26, 33, 37, 42, 43, 44, 59, 60, 66, 73, 80, 88, 97, 102, 104, 106, 108, 110, 112, 113, 114, 121, 126, 128, 131, 136, 141, 143, 147, 148, 150, 158, 160, 162, 166, 168, 171, 172, 185, 191
  California, 6, 7, 28, 30, 44, 56, 61, 62, 67, 68, 71, 73, 75, 77, 79, 80, 81, 82, 83, 84, 87, 94, 97, 99, 106, 107, 121, 122, 129, 140, 141, 142, 156, 159, 162
    Silicon Valley, 81
  Carolina del Norte, 50, 80
  Florida, 7, 19, 50, 80, 94, 100
    Daytona Beach, 19
  Hawai, 15, 18, 24, 34, 53, 92, 94, 103, 105, 108, 127, 130, 136, 139, 141, 148, 151, 170, 189
    Waikiki, 31, 34, 56, 67, 68, 103, 108, 118
  Maryland, 107
  Michigan, 67, 81
  Montana, 83, 151
  Nueva York, 80, 81, 123
  Texas, 83, 95
    Galveston, 83
Europa
  Alemania, 59, 64, 87, 110
  España, 21, 36, 46, 50, 52, 54, 91
  Francia, 36
  Grecia, 35
Fayer, Jane, 23
Federación de Pesca Deportiva de Puerto Rico, 120
Federación Internacional de Surfing (ISF), 166
Ferguson, Frederick, 128
Ferguson, Ted, 134, 145, 152, 173, 182
Ferguson, Tom, 79, 107, 128, 150, 174, 182, 186, 194

Fernández de Oviedo, Gonzalo, 39, 52
Fernández Juncos, Manuel, 25, 47
Fernández, Mundy, 25, 39, 45, 47, 48, 51, 52, 169, 193, 194
fetch, 104, 140
FIAT (*Field Intelligence Agency*), 59, 60
fibra de vidrio (*fiberglass*), 56, 65, 74, 75, 77, 84, 86, 88, 96
figerglass reinforced plastic (FRP), 75, 76
Figueroa, Jorge (Machuca), 15, 107, 116, 128, 135, 145, 148, 152, 154, 155, 156, 163, 165, 174, 176, 178, 184, 185, 186, 190, 191, 193
Figueroa, José, 105, 141, 190
Florence, John John, 59
Foglia, Omar, 9, 17, 105, 119, 141, 190, 192, 194
Fortas, Abe, 110
Frade, Ramón, 26, 47
Freese, Jimmy, 9, 193
Freeth, George, 30, 106
Friedman, Eric, 9, 113, 145, 152, 171, 173, 181, 182, 193
Froiseth, Wally, 69
Fundación Surfrider Rincón, 9
Galería Puertorriqueña, 25, 47
Galileo, Galilei, 65, 92
Gallant Jr., Alfred, 77
Gandia, Zeno, 26
Gelabert, Pedro, 9, 180
General Motors, 77
Godfrey, Peter, 124
Godinez, Micco, 141
Gómez, Darryl, 155, 156, 174, 185
González Figueroa, Adolfo, 9
González Padín, 17
Goodyear Co., 66
Graham, Dick, 130
granola, 82, 97
Guerra de Vietnam, 78, 141, 157, 173, 174, 175
Guerra Fría, 115, 143
Guerra Peloponesa, 35
Gutiérrez, Michael, 124, 168
Haber, Fritz, 59
Halloween swell, 26
Hardy, Tom, 154
Hemmings, Fred, 81, 98, 163, 167
Herlihy, Dan, 107, 142, 149
Herzog, Frederick C., 78
hippie, 71
Hobbes, Tomas, 104
Hodgkinson, Nick, 9, 194
Hoffman, Joyce, 167
hoteles, 112, 114, 115, 124, 125, 128, 146, 160

Caribe Hilton, 125, 150, 160
Condado Plaza, 125
Hotel del Coronado, 30
Hotel la Concha, 123, 124
Hotel Normandy, 132
Hotel Ponce de León, 125
Hotel Puerto Rico Sheraton, 114, 146
Hotel San Juan, 125, 148, 185, 188
San Jerónimo Hilton, 125
Hoyt, Gary, 126, 134, 135
huracán, 25, 40, 53
Huracán David, 169
IG Farben, 59, 65, 87
Iglesia San Agustín, 133, 135
Immerwahr, Daniel, 104, 141, 143
imperio pointilista, 104
International Ladies Garments Union, 126
Irizarry, Aniro, 125, 152
Irons, Andy, 59
isocyanates, 60
Jet Propulsion Laboratory, 79
jíbaro, 26, 47
Johnson, Lyndon B., 110
Jones Act, 106
Juegos Centroamericanos, 22, 23, 46, 123, 148
Juegos Panamericanos, 122, 123
Julia, Willie, 9, 113, 134, 145, 152, 169, 170, 180, 194
Kahanamoku, Duke, 24, 46, 56, 67, 98, 123, 148
Kaiser Wilhelm Institute, 60
Kameamea, 67
Kekule, Friederich August, 64
Kelley, John, 69
Kennedy, John F., 110
Kerbox, Buzzy, 123
King (Horstman), Susan, 107, 194
Kivlin, Matt, 74
Knapp, Robert, 72
Knorr Candle Shop, 78
Kohner, Frederick, 121
Kohner, Kathy, 119, 121
Korweck, Gregg, 134
L-10 Electra, 80
La Armada, 36
Lallande, Anita, 23
las Casas, Bartolomé de, 43, 52, 55
leashes, 125, 168
Legends, 115, 122, 124, 149, 152, 153, 158, 190
Libro de Puerto Rico, 21
Linden, Butch, 130
Literatura
folklore, 24, 26, 27
La charca, 26
Leyendas de Puerto Rico, 27
Morning Glass, 81, 97, 98, 147, 148

The Soul of Surfing, 81, 98
Lockheed Aircraft Co., 66, 80
London, Jack, 68
López Cantos, Ángel, 40, 45
López, Gerry, 105
Lord, Lindsay, 93
Machuca, Jorge (Figueroa), 15, 107, 116, 128, 135, 145, 148, 152, 154, 155, 156, 163, 165, 174, 176, 178, 184, 185, 186, 190, 193
Madera
balsa, 56, 61, 65, 69, 73, 74, 75, 76, 86, 89, 93, 96, 121
cedro (*Cedrela odorata L.)*, 41
redwood, 56
tabonuco (*Dacrypodes excelsa)*, 41
Maderas
koa (*Acacia koa*), 68
panapen (*Artocarpus incisa*), 68
wiliwili (*Erythrina sandwicensis*), 68
marejada de los muertos, 26, 47
Marrero, Papito, 116, 194
Materiales
kevlar, 64
napthalene diisocyanatate, 65
neopreme, 64
nylon, 64, 83, 97
plaster paris, 62
poliuretano, 56, 58, 60, 61, 62, 63, 64, 65, 66, 75, 77, 84, 91, 95, 96, 97, 121
polyethylene, 64
polystyrene, 64, 66, 74, 88
shellac, 64, 69, 73
styrofoam, 66, 74, 75
McDowell, D. Clay, 163
Medhiya Surf Camp, 106
Meléndez, Benjamín, 109, 120, 123, 143, 147, 148, 149, 150, 152, 153
Meléndez, Miguel, 113, 142, 144, 148, 176, 178, 179
meme, 105, 106
Micco Godinez, 141
Michaels, Duke, 107, 116, 163, 178
Middelyk, R. A. Van, 39, 52
militarismo, 109, 111, 114, 115, 128, 143, 174
Base Naval de Miramar, 113
Base Naval Roosevelt Roads, 111
Base Ramey (Ramey Air Force Base), 76,

107, 108, 113, 115, 142, 144
Culebra, 110
Punta Borinquen, 110
Vieques, 110, 144
Miller, Rusty, 77, 78, 157
Milton, General T.R., 110
Miranda, José Luís, 124
Mitchell, Craig, 9, 144, 193
Mock, Maria, 23
Mohammed VI, 106
Monagas, Julio Enrique, 22
monomers, 64
Monroe, Marylin, 119
Morales Carrión, Arturo, 35, 37, 51, 140
Morey, Tom, 78
Muñoz Marín, Luís, 26, 110, 114, 188
Murphy, Garth, 77
Murphy, Hilton, 78
Música
The Beatles, 107
Naldo, 116
NASA, 79
Nazi, 59, 65
Nelson, Michael, 9, 46, 193
Nichols, Carlos, 124
nitrógeno, 59
Noche de San Juan, 117
Noll, Greg, 46, 62, 71, 75, 90, 130, 150, 151
Northrop Aircraft Co., 82
Office of Technical Services, 60
Office of the Publication Board, 60
olas, 5, 7, 18, 20, 25, 26, 28, 29, 34, 39, 40, 47, 58, 68, 69, 71, 82, 87, 94, 98, 105, 118, 123, 124, 125, 127, 130, 132, 135, 139, 143, 148, 166, 167, 169, 170, 171, 173, 175, 178, 180, 181, 185, 186
Olimpiadas, 23, 24, 46, 185
Operación Manos a la Obra, 114
OSHA, 62
OSRD, 72, 94
Oudayas Surf Club, 106
Owens Corning Co., 96
Pacífico
Hawai, 15, 18, 24, 34, 103, 105, 108, 127, 130, 136, 139, 151, 170, 189
Indonesia, 107
Isla de Pascuas, 136
Tahití, 19
Paine, Johnny, 130
Parque Luís Muñoz Rivera, 133
Partido Popular Democrático (PPD), 26, 110
PB Reports, 60
Pedrería, Antonio, 26
Películas
FlashGordon, 123
Periódicos

Boletín Mercantil, 28, 49
Ecos del Distrito, 22
El Imparcial, 160
El Mundo, 96, 142, 144, 145, 146, 148, 152, 156, 160, 161, 176, 177, 178, 179, 180, 182, 191
El Progreso, 22
Island Times, 22, 46
La Democracia, 28, 48
La Gaceta, 28, 29
LA Times, 81
La Voz de Levittown, 22
Los Angeles Gerald, 30
Pacific Commercial Advertiser, 30, 49
Ramey Tropicair, 22, 45
Revista Deportiva, 22, 45
San Francisco Call, 30, 49
Perkins, Harold, 64, 91
personalidad puertorriqueña, 114
Pikey, Orrin H., 9
Pinturas Harris, 146, 183
pirata, 35, 50, 51, 140
Pirata
Almeyra, 36
Cofresí, Roberto, 37, 140
Hernández, Miguel, 37, 40
Piscina Olímpica (Escambrón), 22
piscinas, 20, 22, 45, 113, 123, 124, 125, 132, 150, 152
Playuela (ver Puntos de Surfing Crashboat), 170, 180
polímero (polymer), 64, 91
polyols, 60, 66
Ponce de León II, Juan, 43
Porter, John, 17, 193
Power, Ramón, 25
Primer Torneo Estatal de Surfing, 134
PT boats, 72
Puerto Rico
Aguada, 35, 49
Aguadilla, 22, 25, 26, 27, 33, 39, 45, 47, 107, 109, 110, 115, 127, 133, 144, 164, 170, 178
Añasco, 35, 49
Arecibo, 28, 33, 48, 50
Barceloneta, 32
Bayamón, 22, 32, 49, 62, 121, 150, 165, 187
Boca de Cangrejos, 6, 171
Boquerón, 184
Cabo Rojo, 39
Cataño, 18, 122
Ceiba, 49, 111, 191
Cerro Gordo, 134

Condado, 118, 124, 125, 126, 129, 162
Dorado, 32, 49
El Yunque, 111
Fajardo, 32, 49, 191
Guayama, 35, 43, 49
Guayanilla, 35, 145
Hatillo, 33, 50
Isla Verde, 5, 6, 103, 108, 111, 116, 118, 119, 120, 128, 129, 161, 164, 168, 178, 186, 187, 188, 189, 191
Jayuya, 184
La Perla, 171
Luquillo, 32, 35, 112, 117
Manatí, 5, 22, 32, 49
Maricao, 184
Mayagüez, 25, 32, 44, 49, 182
Miramar, 145
Piñones, 17, 149, 171, 185, 187
Ponce, 21, 25, 27, 38, 43, 46, 49, 51, 129, 133
Rincón, 5, 6, 7, 32, 33, 34, 44, 50, 108, 112, 127, 130, 133, 143, 147, 148, 149, 152, 153, 158, 162, 164, 165, 166, 169, 170, 172, 176, 178, 184
Rio Grande, 32
San Germán, 35, 50, 157
San Juan, 1, 18, 21, 25, 27, 45, 46, 47, 48, 49, 51, 52, 53, 54, 55, 101, 110, 112, 115, 120, 127, 138, 140, 143, 144, 145, 146, 148, 149, 150, 151, 152, 164, 168, 177, 178, 179, 182, 184, 185, 187, 188, 189, 191
Capitolio, 133, 134, 171
El Morro, 36, 101, 189
Garita del Diablo, 27, 125
Residencial Llorens Torres, 116
Viejo San Juan, 17, 27, 45, 101, 134, 135, 171
Vega Baja, 32, 50
Puerto Rico Swimming Association, 22
Pum Lab, 72
Puntos de surfing
Bajamar (Puerta de Tierra), 132, 133, 135, 161
Caballos (Boca de Cangrejos, Isla Verde), 6, 108, 119, 120, 127, 171, 189
Crashboat (Playuela, Aguadilla), 169, 170
Domes (Rincón), 44, 131, 151

La Ocho (San Juan), 4, 5, 124, 127, 132, 133, 135, 149, 152, 162, 171, 172, 176
Laniakea (Hawai), 108
Los Tubos (Manati), 5, 127, 143
Makaha (Hawai), 108, 130, 151
Marías (Rincón), 5, 44, 127, 131, 133, 162
Nazaré (Portugal), 58, 87, 94, 171
Pine Grove (Isla Verde), 5, 103, 118, 119, 127, 128, 134, 135, 139, 171, 186, 189, 190
Pipeline (Hawai), 68, 132, 178
Seven Seas (Luquillo), 112
Sunset Beach (Hawai), 69
Table Rock (Puerto Rico), 108
Tres Palmas (Rincón), 6, 108, 170
Ventana al Mar (Condado), 117, 126, 127, 139
Wilderness (Ramey), 5, 6, 107, 133
Quigg, Joe, 74
quilla, 70, 82, 93, 94
química inorgánica, 64
radome, 76
Ramírez, Néstor, 9, 130, 151, 169, 181
Recopilación de Leyes de Los Reynos de Las Indias, 38, 51
Revistas
Atlantic Surfing, 131, 151
Low Pressure, 131, 151
Mundo Rad, 131, 151
Primera Ola, 131, 151
Puerto Rico Ilustrado, 29, 44, 48, 161, 178
Surfer, 89, 130, 142, 144, 151
Surfing Magazine, 130, 151
The Surf, 86, 96, 131, 144, 164
The Surf Report, 111, 144
Robertson, Cliff, 95, 121
Robinson School, 22, 129, 132, 147, 150, 168, 170
Rodríguez Beruff, Jorge, 9
Rodríguez Reyes, José, 15, 103, 116, 119, 129, 130, 146, 149, 153, 163, 171, 178, 181
Rodríguez, Marcos, 9, 95
Rojas, Víctor, 28, 48
Román, Jefte, 9
Rosado Rodríguez, Ramón, 62, 89
Ryan, Fred, 77
Sánchez Vilella, Roberto, 132

Sanders, Sandy, 127
Science and Technology Center, 111
Segunda Guerra Mundial, 56, 59, 65, 66, 71, 75, 76, 83, 107, 115, 127, 137, 142, 145, 160, 174, 175, 182
Severson, John, 130
Shawhan, Ann, 163, 165, 166, 167, 168, 169, 179, 180, 193
Simmons, Bob, 61, 69, 70, 71, 72, 73, 74, 75, 84, 88, 89, 93, 94, 95, 156
skateboarding, 86, 124, 148
Skinner, Nate, 78
Smith, James Montgomery, 9, 17, 100, 116, 120, 131, 138, 147, 151, 179, 191, 194
Sotomayor, Antonio, 9, 21, 45
soul surfer, 175
Southern Pacific Railroad, 30
St. John's School, 119, 147
Steward, Julian, 21, 45
Suárez, Gilberto, 126
surf boarding, 30
surf boating, 30
Surf Research Co., 78, 80
Sweet, David, 61, 62, 89, 95, 121
tabla corta (*shortboard*), 56, 74, 90, 154, 156, 157, 167
tabla larga (*longboard*), 56, 64, 154
Taínos, 32, 42, 54
Thompson, Leslie, 23
Thucydides, 50
tiburón, 17, 27, 39, 52, 83, 99, 135
Tiendas
  La Tablita Skate & Surf Shop, 164
  Playero Inc., 62, 131
Torres Colón, José Ramón, 9
Tracy, Terry Tubesteak, 119
triple quilla (*three fin*), 70
Troche, García, 43
turismo, 19, 114, 118, 128, 146, 160, 164
U. S. Weather Bureau, 163
Valdés, Fernando, 52, 163, 166
Valencia, Ed, 105, 141, 147, 174, 182, 193
valentía, 16, 29, 175, 186
Velsy, Dale, 71
Verne, Jules, 113
violencia, 37, 40, 43, 49, 84, 103, 104, 140
Warshaw, Matt, 9, 86, 92, 93, 95, 97, 147, 150
Weissmuller, Johnny, 122
West, Geoffrey, 80, 97
Wiese, Guillermo, 166
Williams, Les, 74

Wilson, Phil, 130
World Surfing Championship, 5, 82, 122, 148, 153, 156, 173, 175
YMCA, 22, 123, 148
Yordán, Antonio, 15, 129
Zahn, Tommy, 74
Zambrana, Ernesto, 2, 9, 135, 150, 152, 193
Zanuck, Darrilyn, 74

Made in United States
North Haven, CT
10 November 2026

22096547R00114